영역별 반복집중학습 프로그램

기탄영역별수학 도형·측정편

수학과 교육과정에서 초등학교 수학 내용은 '수와 연산', '도형', '측정', '규칙성', '자료와 가능성'의 5개 영역으로 구성되는데, 우리가 이 교재에서 다룰 영역은 '도형·측정'입니다.

'도형' 영역에서는 평면도형과 입체도형의 개념, 구성요소, 성질과 공간감각을 다룹니다. 평면도형이나 입체도형의 개념과 성질에 대한 이해는 실생활 문제를 해결하는 데 기초가 되며, 수학의 다른 영역의 개념과 밀접하게 관련되어 있습니다. 또한 도형을 다루는 경험으로부터 비롯되는 공간감각은 수학적 소양을 기르는 데 도움이 됩니다.

'측정' 영역에서는 시간, 길이, 들이, 무게, 각도, 넓이, 부피 등 다양한 속성의 측정과 어림을 다룹니다. 우리 생활 주변의 측정 과정에서 경험하는 양의 비교, 측정, 어림은 수학 학습을 통해 길러야 할 중요한 기능이고, 이는 실생활이나 타 교과의 학습에서 유용하게 활용되며, 또한 측정을 통해 길러지는 양감은 수학적 소양을 기르는 데 도움이 됩니다.

1. 부족한 부분에 대한 집중 연습이 가능

도형·측정 영역은 직관적으로 쉽다고 느끼는 아이들도 있지만, 많은 아이들이 수·연산 영역에 비해 많이 어려워합니다.
길이, 무게, 넓이 등의 여러 속성을 비교하거나 어림해야 할 때는 섬세한 양감능력이 필요하고, 입체도형의 겉넓이나 부피를 구해야 할 때는 도형의 속성, 전개도의 이해는 물론 계산능력까지도 필요합니다. 도형을 돌리거나 뒤집는 대칭이동을 알아볼 때는 실제 해본 경험을 토대로 하여 형성된 추론능력이 필요하기도 합니다.
다른 여러 영역에 비해 도형·측정 영역은 이렇게 종합적이고 논리적인 사고와 직관력을 동시에 필요로 하기 때문에 문제 상황에 익숙해지기까지는 당황스러울 수밖에 없습니다.
하지만 절대 걱정할 필요가 없습니다.
기초부터 차근차근 쌓아 올라가야만 다른 단계로의 확장이 가능한 수·연산 등 다른 영역과 달리, 도형·측정 영역은 각각의 내용들이 독립성 있는 경우가 대부분이어서 부족한 부분만 집중 연습해도 충분히 그 부분의 완성도 있는 학습이 가능하기 때문입니다.
이번에 기탄에서 출시한 기탄영역별수학 도형·측정편으로 부족한 부분을 선택하여 집중적으로 연습해 보세요. 원하는 만큼 실력과 자신감이 쑥쑥 향상됩니다.

2. 학습 부담 없는 알맞은 분량

내게 부족한 부분을 선택해서 집중 연습하려고 할 때, 그 부분의 학습 분량이 너무 많으면 부담 때문에 시작하기조차 힘들 수 있습니다.
무조건 문제 수가 많은 것보다 학습의 흥미도를 떨어뜨리지 않는 범위 내에서 필요한 만큼 충분한 양일 때 학습효과가 가장 좋습니다.
기탄영역별수학 도형·측정편은 다루어야 할 내용을 세분화하여, 한 가지 내용에 대한 학습량도 권당 80쪽, 쪽당 문제 수도 3~8문제 정도로 여유 있게 배치하여 학습 부담을 줄이고 학습효과는 높였습니다.
학습자의 상태를 가장 많이 고민한 책, 기탄영역별수학 도형·측정편으로 미루어 두었던 수학에의 도전을 시작해 보세요.

이 책의 구성

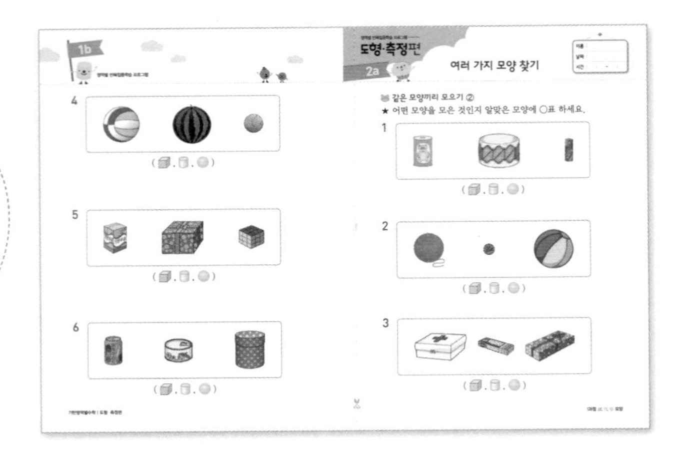

★ 본 학습

제목을 통해 이번 차시에서 학습해야 할 내용이 무엇인지 짚어 보고, 그것을 익히기 위한 최적화된 연습문제를 반복해서 집중적으로 풀어 볼 수 있습니다.

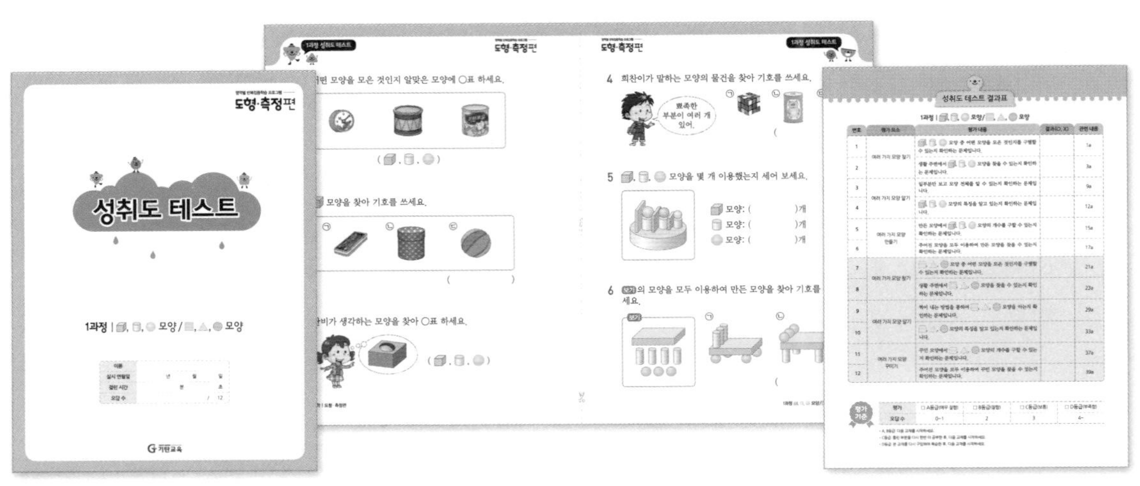

★ 성취도 테스트

성취도 테스트는 본문에서 집중 연습한 내용을 최종적으로 한번 더 확인해 보는 문제들로 구성되어 있습니다. 성취도 테스트를 풀어 본 후, 결과표에 내가 맞은 문제인지 틀린 문제인지 체크를 해가며 각각의 문항을 통해 성취해야 할 학습목표와 학습내용을 짚어 보고, 성취된 부분과 부족한 부분이 무엇인지 확인합니다.

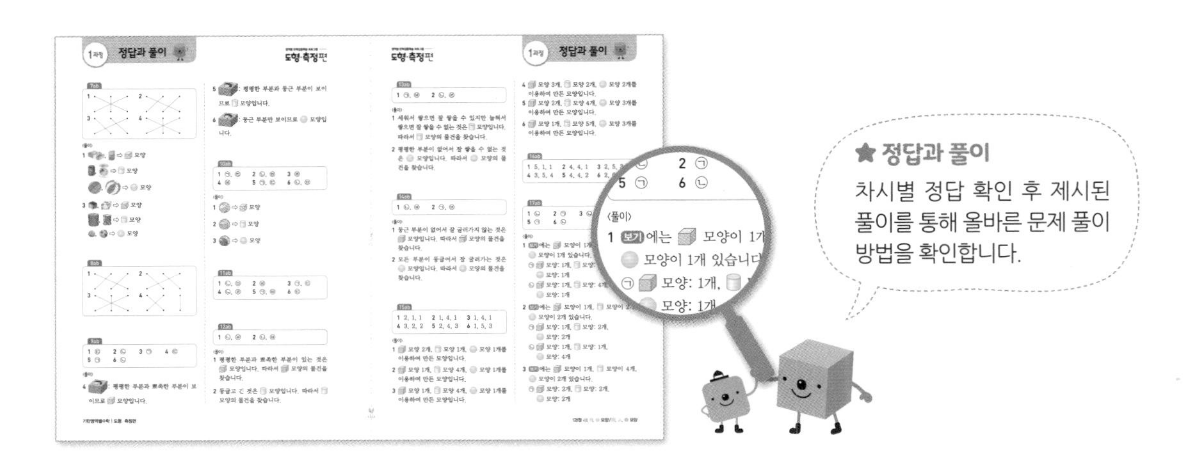

★ 정답과 풀이

차시별 정답 확인 후 제시된 풀이를 통해 올바른 문제 풀이 방법을 확인합니다.

· 수의 범위
· 어림하기

기초부터 탄탄하게
기탄교육

수의 범위

어림하기

이상과 이하 알아보기

이름 :
날짜 :
시간 : : ~ :

이상인 수 찾기

1 종기네 반 남학생들의 윗몸 말아 올리기 기록을 조사하여 나타낸 표입니다. 물음에 답하세요.

■와 같거나 큰 수를 ■ 이상인 수라고 합니다.

종기네 반 남학생들의 윗몸 말아 올리기 기록

이름	종기	동완	우진	현호	수일	민수
횟수(회)	27	28	29	30	31	32

(1) 윗몸 말아 올리기 횟수가 30회와 같거나 많은 학생의 이름을 모두 써 보세요.

( )

(2) 윗몸 말아 올리기 횟수가 30회 이상인 학생의 기록을 모두 써 보세요.

( )회

2 기호네 반 학생들이 가지고 있는 동화책의 수를 조사하여 나타낸 표입니다. 물음에 답하세요.

기호네 반 학생들이 가지고 있는 동화책의 수

이름	기호	소정	동철	다희	지수	인태
책의 수(권)	40	45	27	39	36	50

(1) 가지고 있는 동화책이 40권과 같거나 많은 학생의 이름을 모두 써 보세요.

( )

(2) 가지고 있는 동화책이 40권 이상인 학생의 동화책의 수를 모두 써 보세요.

( )권

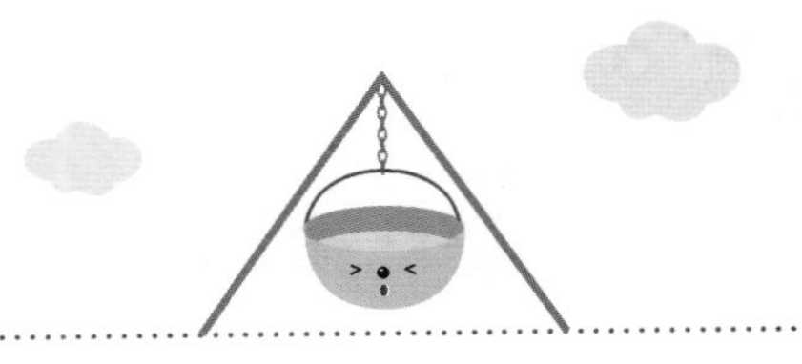

3 민지네 반 학생들의 컴퓨터 타자 기록을 조사하여 나타낸 표입니다. 컴퓨터 타자 기록이 198타 이상인 학생의 기록을 모두 써 보세요.

민지네 반 학생들의 컴퓨터 타자 기록

이름	민지	장훈	도현	수빈	지현	현성
기록(타)	171	284	140	108	198	310

( )타

4 수정이네 반 학생들의 몸무게를 조사하여 나타낸 표입니다. 몸무게가 46 kg 이상인 학생의 몸무게를 모두 써 보세요.

수정이네 반 학생들의 몸무게

이름	수정	은혁	승현	창민	소라	승호
몸무게(kg)	46.0	50.3	45.5	46.4	39.8	48.6

( ) kg

5 45 이상인 수에 ○표 하세요.

48 12 70 35 45 55 20

이상과 이하 알아보기

이름 :
날짜 :
시간 : : ~ :

이하인 수 찾기

1 수지네 반 학생들이 한 학기 동안 읽은 책의 수를 조사하여 나타낸 표입니다. 물음에 답하세요.

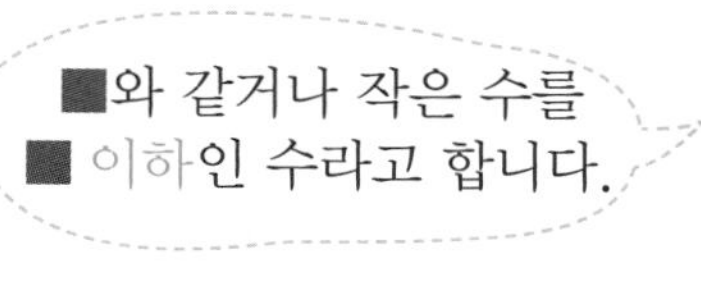

수지네 반 학생들이 한 학기 동안 읽은 책의 수

이름	수지	도영	윤지	지호	준기	형주
책의 수(권)	18	19	20	21	22	23

(1) 한 학기 동안 읽은 책이 20권과 같거나 적은 학생의 이름을 모두 써 보세요.

( )

(2) 한 학기 동안 읽은 책이 20권 이하인 학생의 책의 수를 모두 써 보세요.

( )권

2 민성이네 반 남학생들의 왕복 오래달리기 기록을 조사하여 나타낸 표입니다. 물음에 답하세요.

민성이네 반 남학생들의 왕복 오래달리기 기록

이름	민성	동원	종우	인성	지훈	정우
횟수(회)	70	69	75	71	67	74

(1) 왕복 오래달리기 횟수가 70회와 같거나 적은 학생의 이름을 모두 써 보세요.

( )

(2) 왕복 오래달리기 횟수가 70회 이하인 학생의 기록을 모두 써 보세요.

( )회

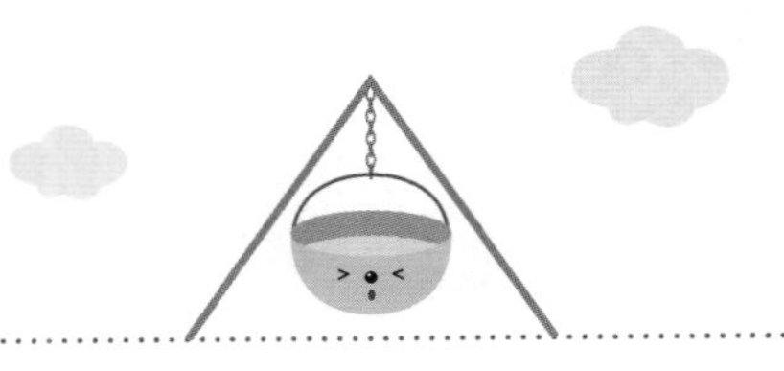

3 선경이네 반 학생들이 2분 동안 넘은 줄넘기 횟수를 조사하여 나타낸 표입니다. 줄넘기 횟수가 126회 이하인 학생의 줄넘기 횟수를 모두 써 보세요.

선경이네 반 학생들이 2분 동안 넘은 줄넘기 횟수

이름	선경	채영	희태	영우	가영	종현
횟수(회)	118	100	130	126	122	154

( )회

4 정훈이네 반 학생들의 50 m 달리기 기록을 조사하여 나타낸 표입니다. 50 m를 달리는 데 걸린 시간이 10초 이하인 학생의 기록을 모두 써 보세요.

정훈이네 반 학생들의 50 m 달리기 기록

이름	정훈	희수	민석	가연	수진	중기
시간(초)	10.0	8.9	11.0	10.7	9.0	9.5

( )초

5 50 이하인 수에 △표 하세요.

25 50 65 30 58 80 46

이름 :
날짜 :
시간 : : ~ :

이상과 이하 알아보기

수직선에 나타낸 수의 범위 읽기

★ 수직선에 나타낸 수의 범위를 써 보세요.

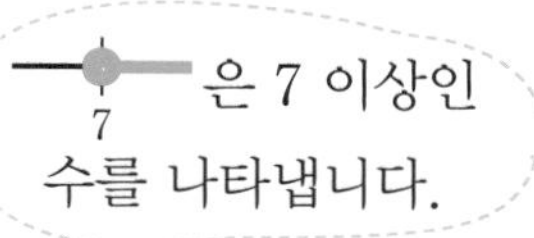

1

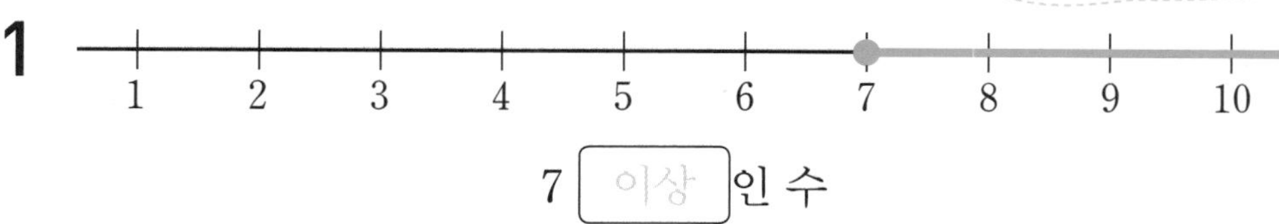

7 [이상] 인 수

2

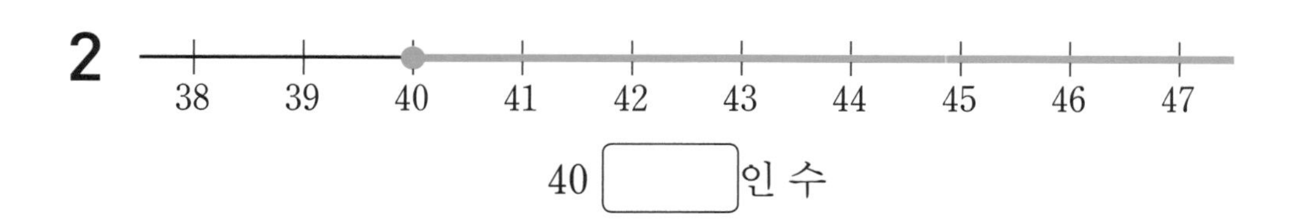

40 [ ] 인 수

3

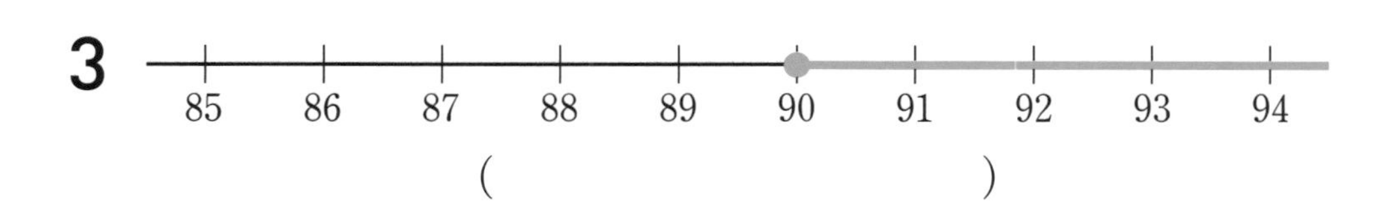

( )

4

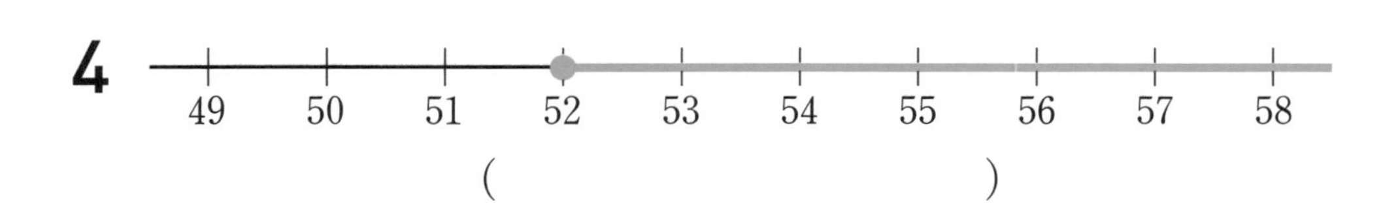

( )

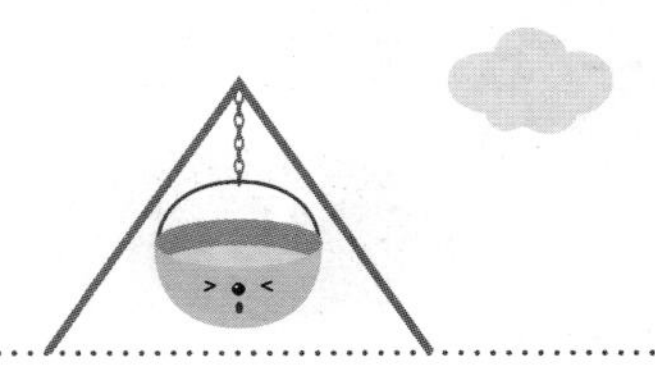

★ 수직선에 나타낸 수의 범위를 써 보세요.

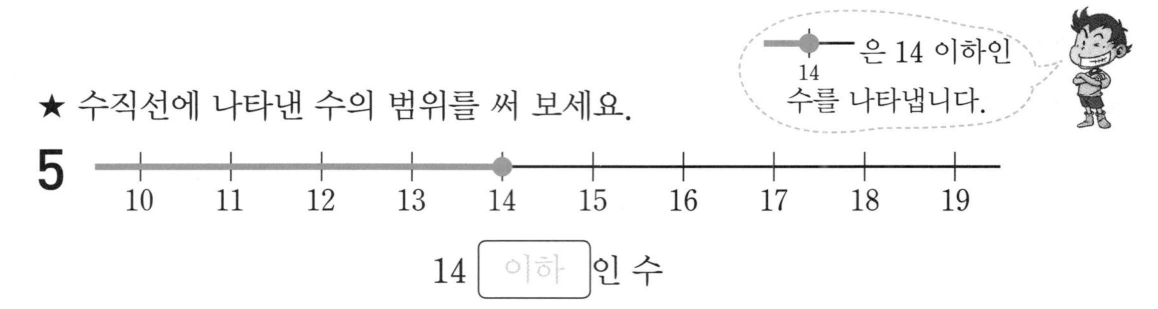

14 [이하] 인 수

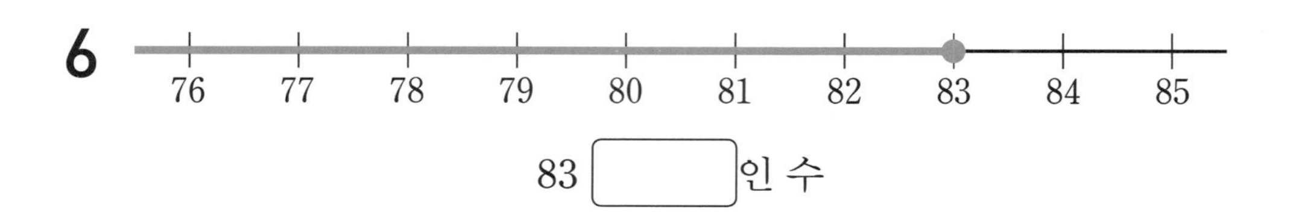

83 [　　] 인 수

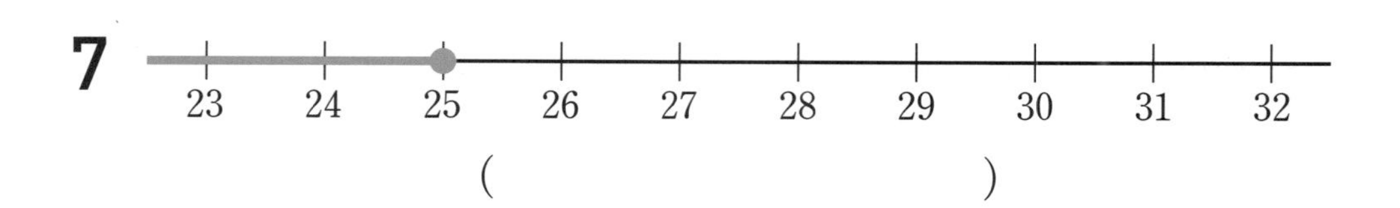

(　　　　　　　　　　)

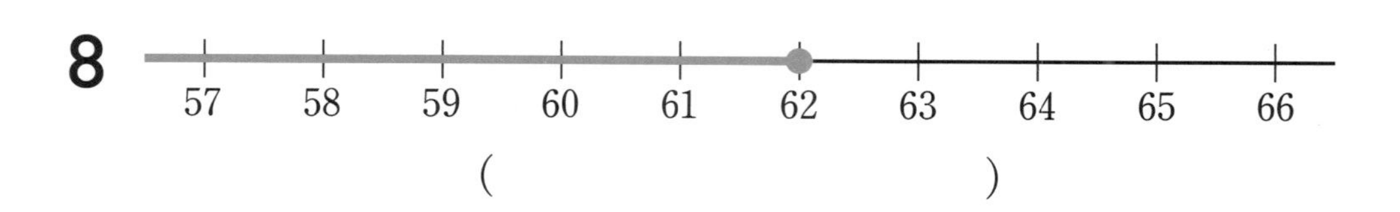

(　　　　　　　　　　)

이상과 이하 알아보기

이름 :
날짜 :
시간 : : ~ :

수직선에 수의 범위 나타내기

★ 수직선에 나타내어 보세요.

78 이상인 수는 78을 포함하므로 78을 ●을 이용하여 나타내고 오른쪽으로 선을 긋습니다.

1 78 이상인 수

77 78 79 80 81 82 83 84 85 86

2 60 이상인 수

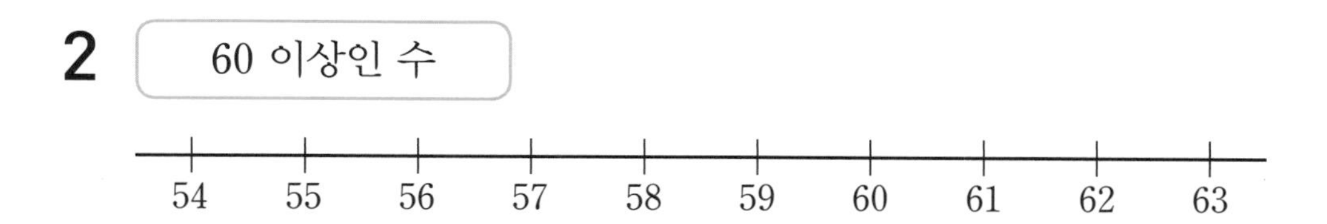

3 20 이상인 수

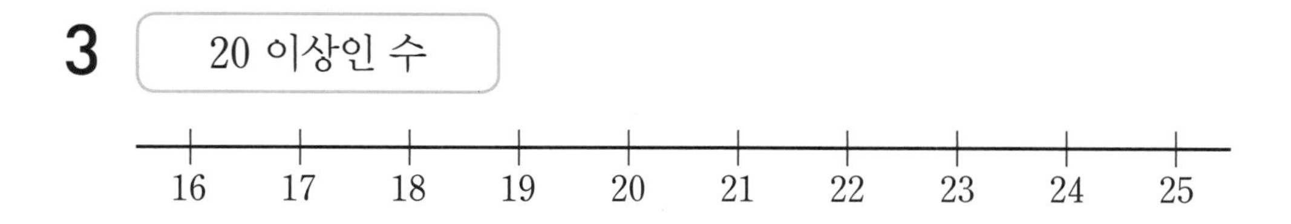

4 97 이상인 수

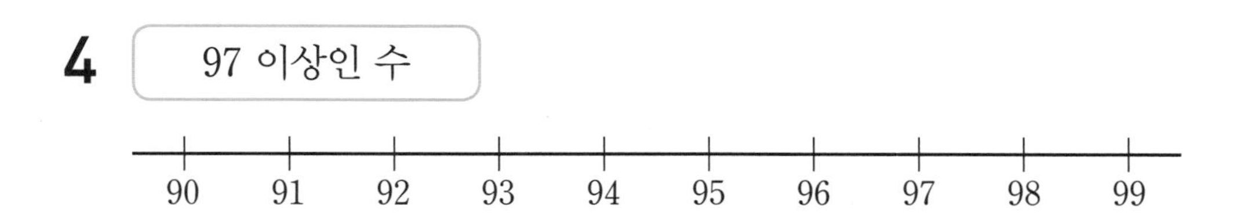

★ 수직선에 나타내어 보세요.

35 이하인 수는 35를 포함하므로
35를 ●을 이용하여 나타내고
왼쪽으로 선을 긋습니다.

5 35 이하인 수

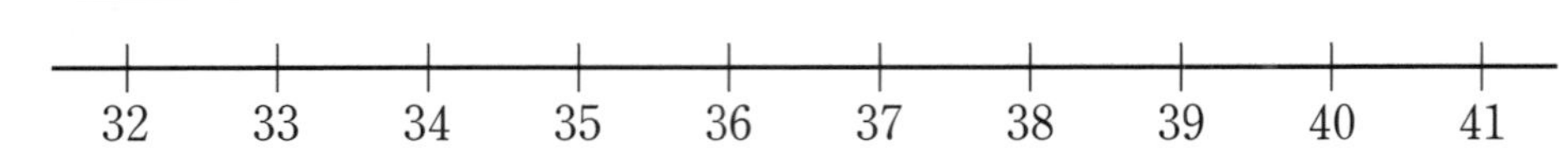

6 13 이하인 수

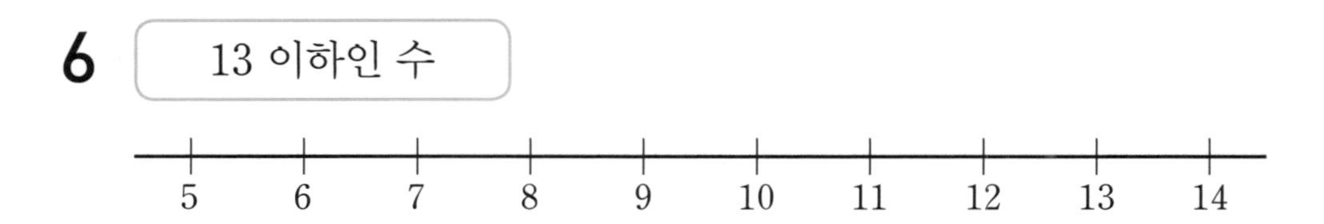

7 93 이하인 수

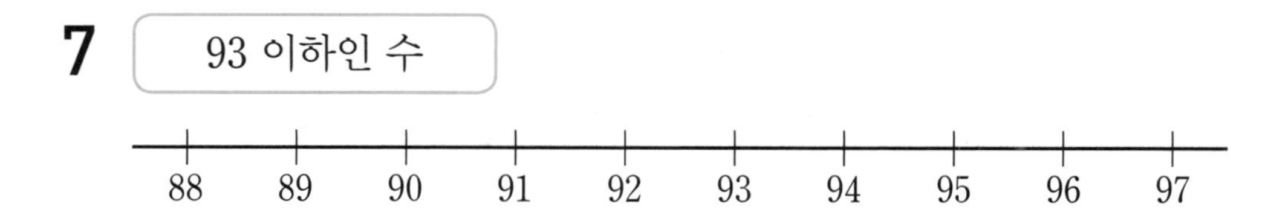

8 71 이하인 수

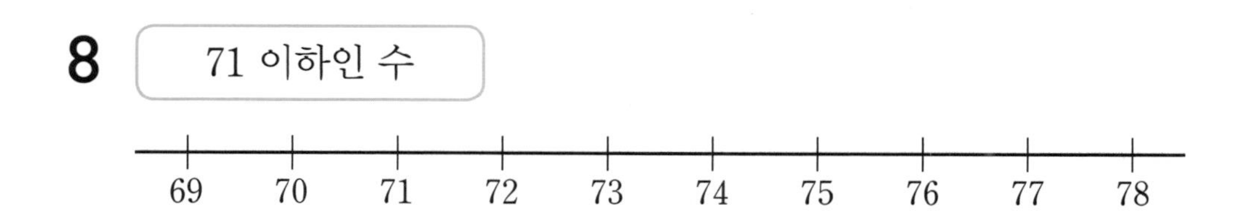

이상과 이하 알아보기

이름 :

날짜 :

시간 : : ~ :

이상과 이하 알아보기

1 유리네 반 학생들의 키를 조사하여 나타낸 표입니다. 물음에 답하세요.

유리네 반 학생들의 키

이름	유리	민아	주영	상철	다혜	지선
키(cm)	158.0	145.0	134.1	150.0	162.4	143.6

(1) 키가 145 cm 이상인 학생의 키를 모두 써 보세요.

( ) cm

(2) 키가 145 cm 이하인 학생의 키를 모두 써 보세요.

( ) cm

(3) 키가 150 cm 이상인 학생의 키를 모두 써 보세요.

( ) cm

(4) 키가 150 cm 이하인 학생의 키를 모두 써 보세요.

( ) cm

2 60 이상인 수에 ○표, 60 이하인 수에 △표 하세요.

57 58 59 60 61 62 63

3 53 이상인 수에 ○표, 36 이하인 수에 △표 하세요.

53 10 72 41 29 63 36

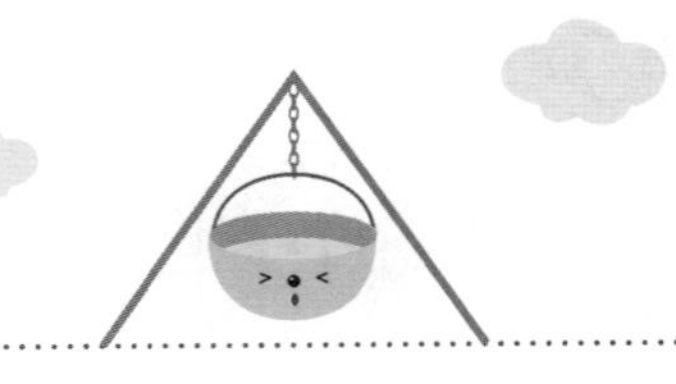

★ 수직선에 나타낸 수의 범위를 써 보세요.

4

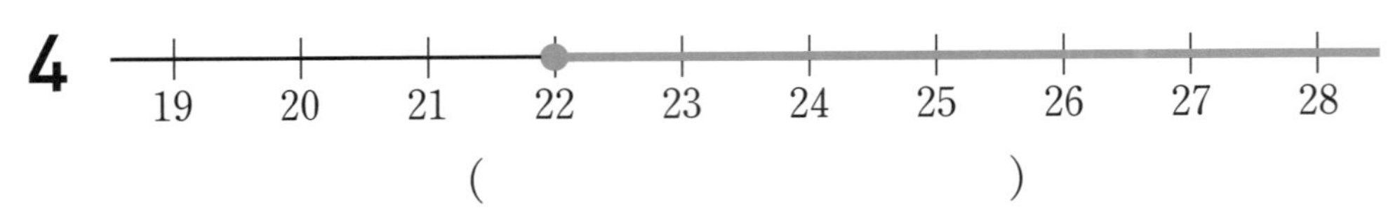

( )

5

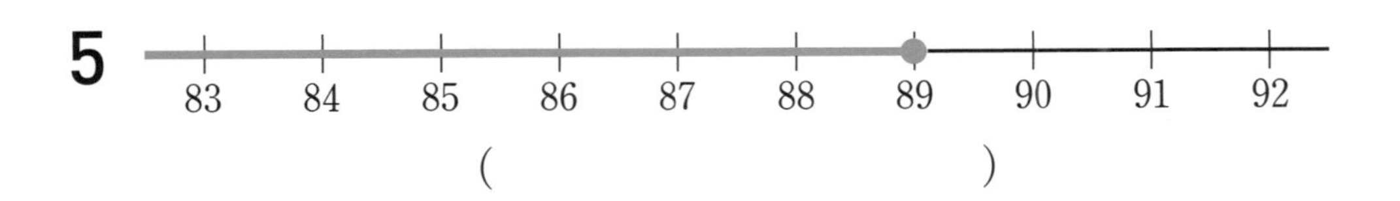

( )

★ 수직선에 나타내어 보세요.

6 69 이상인 수

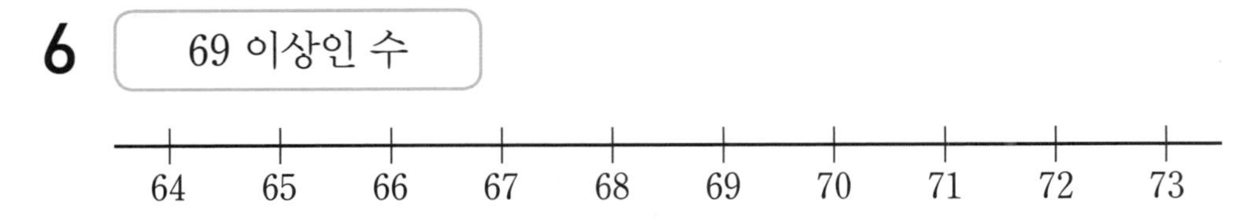

7 50 이하인 수

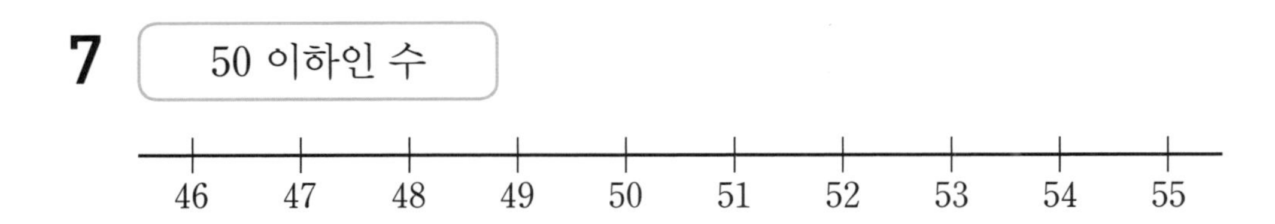

이름 :
날짜 :
시간 : : ~ :

이상과 이하 알아보기

이상과 이하 활용하기

1 2018년 평창 동계올림픽에서 획득한 국가별 금메달 개수를 조사하여 나타낸 표입니다. 표를 보고 물음에 답하세요.

국가별 금메달 개수

나라	대한민국	독일	미국	스웨덴	일본	캐나다
개수(개)	5	14	9	7	4	11

(1) 금메달이 9개 이상인 나라의 이름을 모두 써 보세요.

( )

(2) 금메달이 7개 이하인 나라의 이름을 모두 써 보세요.

( )

2 학생들이 놀이 기구를 타려고 줄을 서 있습니다. 이 놀이 기구를 탈 수 있는 학생의 이름을 모두 써 보세요.

이름	서준	예빈	정호	혜미	태영	경태
키(cm)	152.3	135.0	163.7	140.5	124.6	140.0

( )

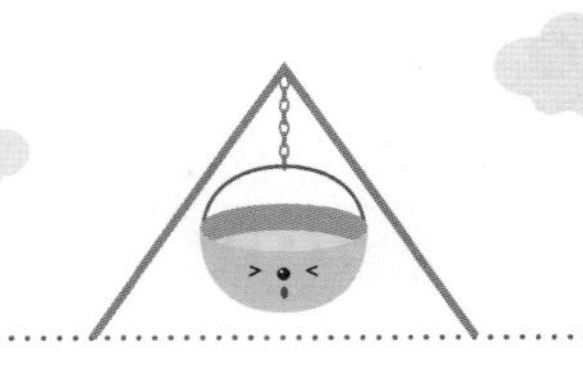

3 우리나라에서 선거권이 있는 만 나이를 수직선에 나타내었습니다. 물음에 답하세요.

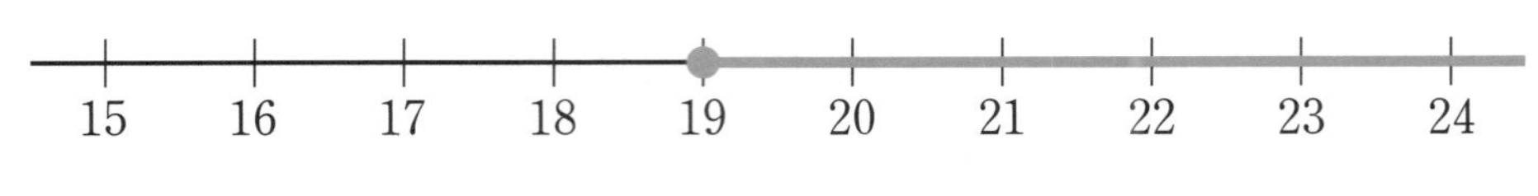

윤서네 가족의 만 나이

가족	할머니	아버지	윤서	어머니	오빠	할아버지
만 나이(세)	73	49	12	46	18	77

(1) 우리나라에서 선거권이 있는 나이는 만 몇 세 이상인가요?

만 (　　　　　　　　　)세 이상

(2) 윤서네 가족 중에서 선거권이 있는 사람을 모두 써 보세요.

(　　　　　　　　　　　　　　　　　　　　)

4 초등학교 5학년 여학생의 제자리멀리뛰기 평가 기준에서 5등급은 100 cm 이하입니다. 5등급의 범위를 수직선에 나타내어 보세요.

95　96　97　98　99　100　101　102　103　104

이름 :
날짜 :
시간 : : ~ :

초과와 미만 알아보기

초과인 수 찾기

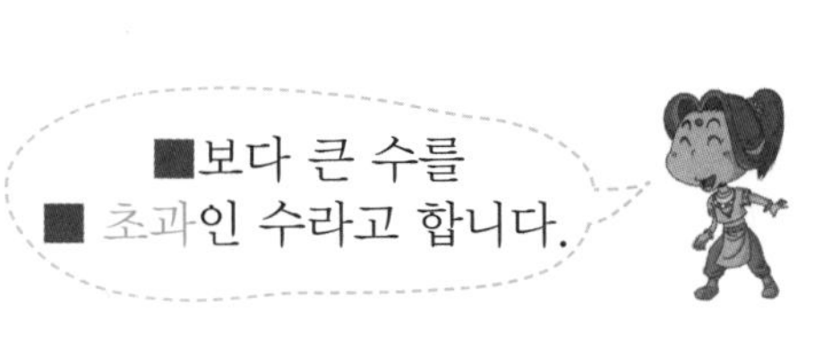

1 연수가 가지고 있는 머리 끈의 개수를 색깔별로 조사하여 나타낸 표입니다. 물음에 답하세요.

연수가 가지고 있는 색깔별 머리 끈의 개수

색깔	노란색	빨간색	파란색	초록색	검은색	보라색
개수(개)	5	6	7	8	9	10

(1) 머리 끈의 개수가 7개보다 많은 색깔을 모두 써 보세요.

( )

(2) 머리 끈의 개수가 7개 초과인 색깔의 개수를 모두 써 보세요.

( )개

2 아름이네 반 학생들의 수학 점수를 조사하여 나타낸 표입니다. 물음에 답하세요.

아름이네 반 학생들의 수학 점수

이름	아름	현민	찬우	정민	소희	민영
점수(점)	92	84	100	88	80	96

(1) 수학 점수가 92점보다 높은 학생의 이름을 모두 써 보세요.

( )

(2) 수학 점수가 92점 초과인 학생의 점수를 모두 써 보세요.

( )점

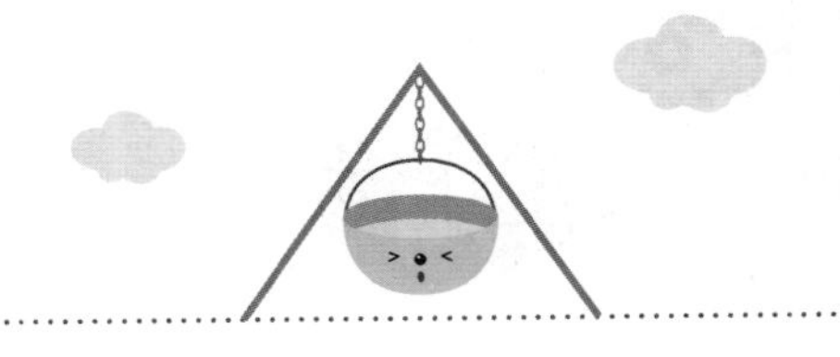

3 재희네 반 여학생들의 제자리멀리뛰기 기록을 조사하여 나타낸 표입니다. 제자리멀리뛰기를 한 거리가 130 cm 초과인 학생의 기록을 모두 써 보세요.

재희네 반 여학생들의 제자리멀리뛰기 기록

이름	재희	인나	승은	은호	보영	슬기
거리(cm)	125	130	133	129	132	134

( ) cm

4 예은이네 반 학생들의 앉은키를 조사하여 나타낸 표입니다. 앉은키가 75 cm 초과인 학생의 앉은키를 모두 써 보세요.

예은이네 반 학생들의 앉은키

이름	예은	지아	희지	성훈	종인	태호
앉은키(cm)	76.5	75.5	74.2	78.1	73.8	75.0

( ) cm

5 50 초과인 수에 ○표 하세요.

38 64 44 50 60 49 54

이름 :

날짜 :

시간 : : ~ :

초과와 미만 알아보기

미만인 수 찾기

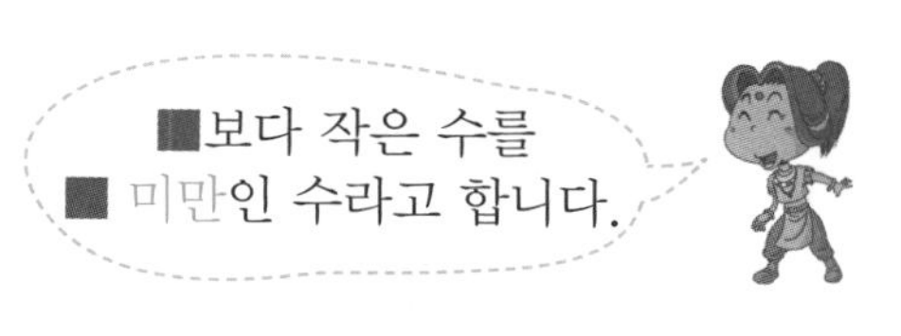

1 우영이네 반 학생들이 가지고 있는 사탕 수를 조사하여 나타낸 표입니다. 물음에 답하세요.

우영이네 반 학생들이 가지고 있는 사탕 수

이름	우영	수혁	영호	현빈	영미	혜수
사탕 수(개)	15	16	17	18	19	20

(1) 가지고 있는 사탕 수가 17개보다 적은 학생의 이름을 모두 써 보세요.

( )

(2) 가지고 있는 사탕 수가 17개 미만인 학생의 사탕 수를 모두 써 보세요.

( )개

2 유미네 반 여학생들의 훌라후프 돌리기 횟수를 조사하여 나타낸 표입니다. 물음에 답하세요.

유미네 반 여학생들의 훌라후프 돌리기 횟수

이름	유미	현정	서윤	가은	이랑	지우
횟수(회)	18	25	28	30	20	24

(1) 훌라후프 돌리기 횟수가 25회보다 적은 학생의 이름을 모두 써 보세요.

( )

(2) 훌라후프 돌리기 횟수가 25회 미만인 학생의 횟수를 모두 써 보세요.

( )회

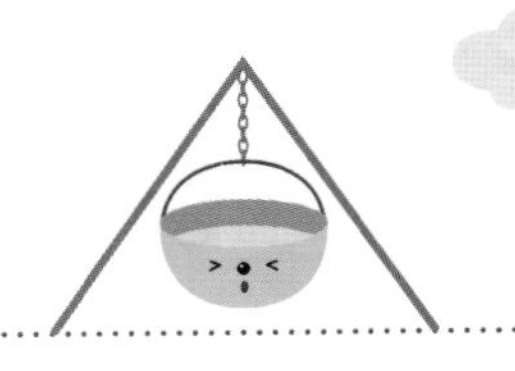

3 영현이네 반 학생들의 오래달리기걷기 기록을 조사하여 나타낸 표입니다. 걸린 시간이 400초 미만인 학생의 기록을 모두 써 보세요.

영현이네 반 학생들의 오래달리기걷기 기록

이름	영현	진수	다현	경은	승현	준범
시간(초)	310	450	510	290	400	395

( )초

4 성민이네 반 학생들의 악력 기록을 조사하여 나타낸 표입니다. 악력이 19.5 kg 미만인 학생의 기록을 모두 써 보세요.

성민이네 반 학생들의 악력 기록

이름	성민	민재	시우	재민	남희	주연
악력(kg)	19.0	18.9	19.5	20.4	18.5	20.0

( ) kg

5 45 미만인 수에 △표 하세요.

75　43　15　45　40　56　49

초과와 미만 알아보기

이름 :
날짜 :
시간 : : ~ :

수직선에 나타낸 수의 범위 읽기

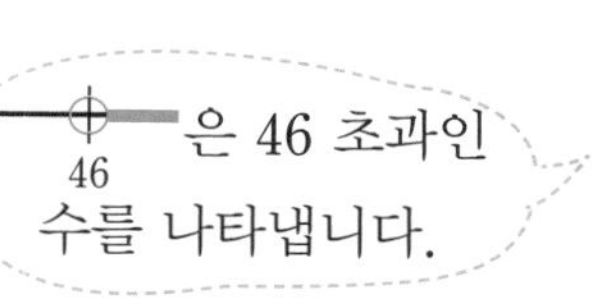

★ 수직선에 나타낸 수의 범위를 써 보세요.

1

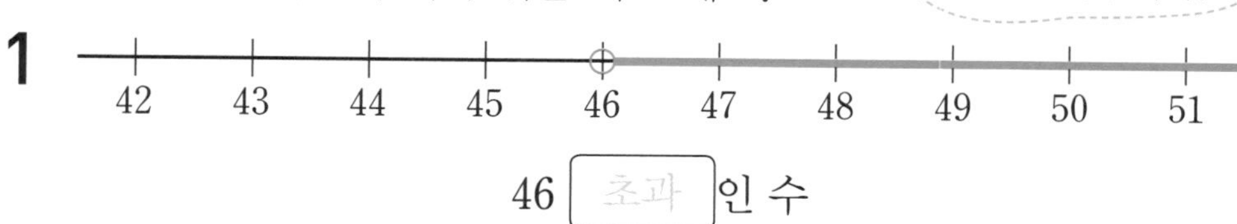

46 [초과]인 수

2

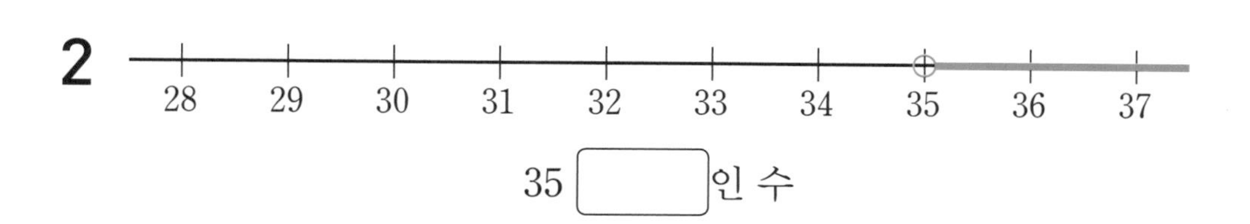

35 [ ]인 수

3

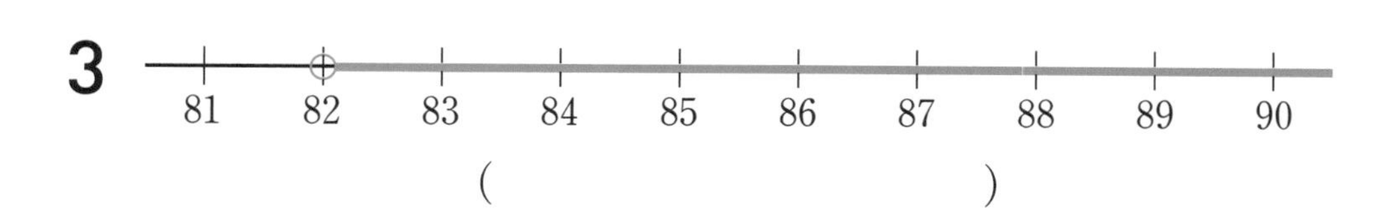

( )

4

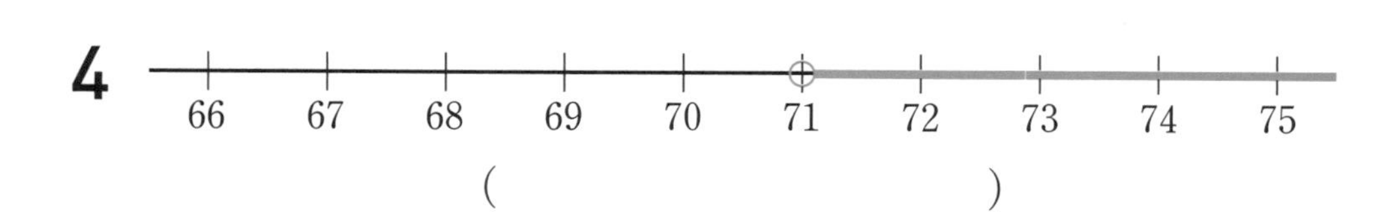

( )

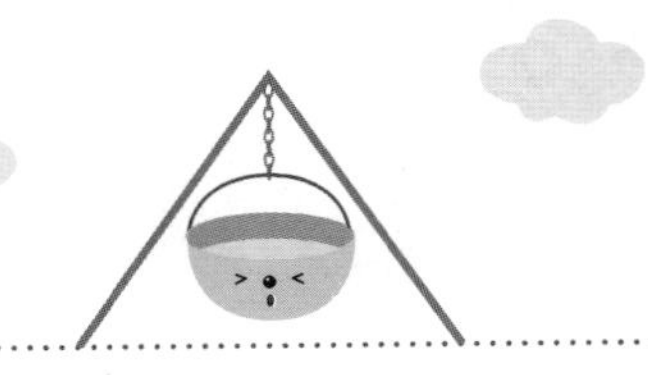

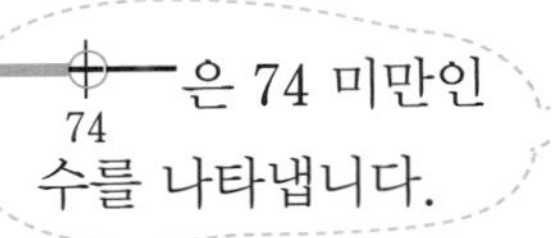

★ 수직선에 나타낸 수의 범위를 써 보세요.

5

70 71 72 73 74 75 76 77 78 79

74 [미만] 인 수

6

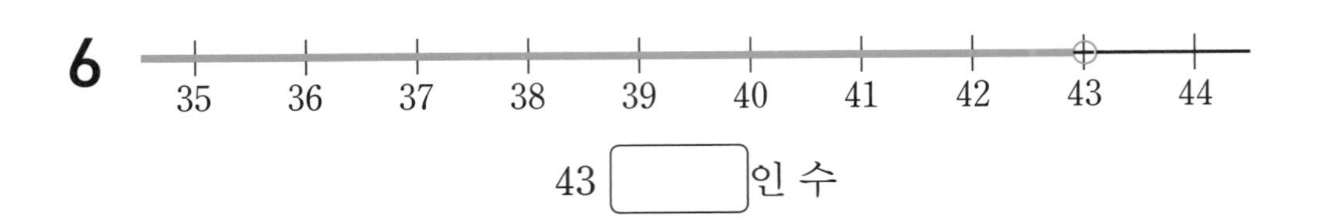

43 [　　] 인 수

7

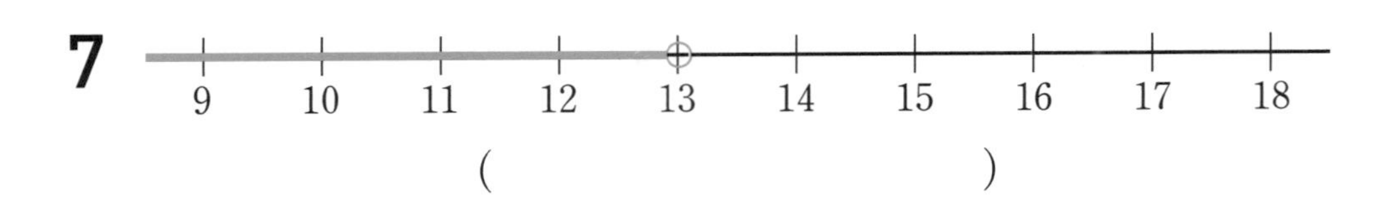

(　　　　　　　　　　)

8

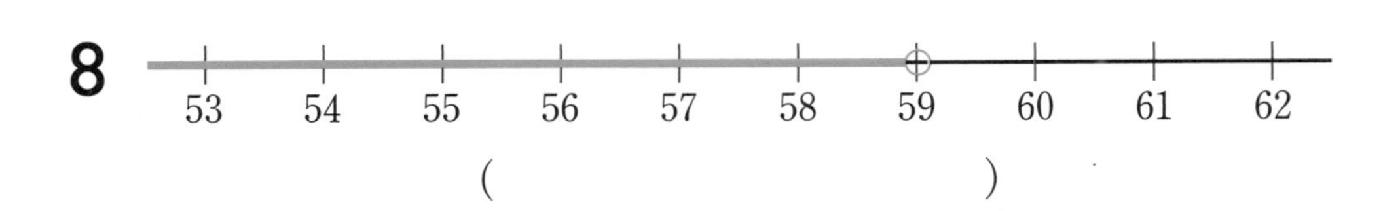

(　　　　　　　　　　)

초과와 미만 알아보기

이름 :

날짜 :

시간 : : ~ :

수직선에 수의 범위 나타내기

★ 수직선에 나타내어 보세요.

20 초과인 수는 20을 포함하지 않으므로 20을 ○을 이용하여 나타내고 오른쪽으로 선을 긋습니다.

1 20 초과인 수

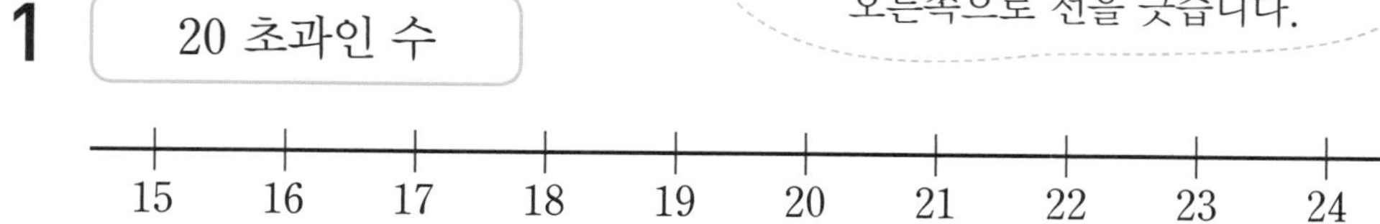

2 60 초과인 수

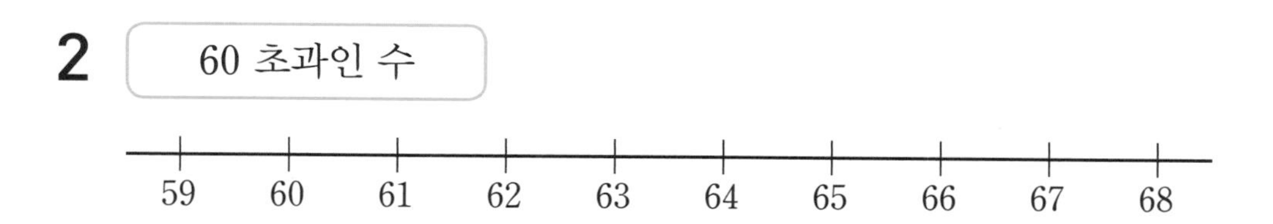

3 34 초과인 수

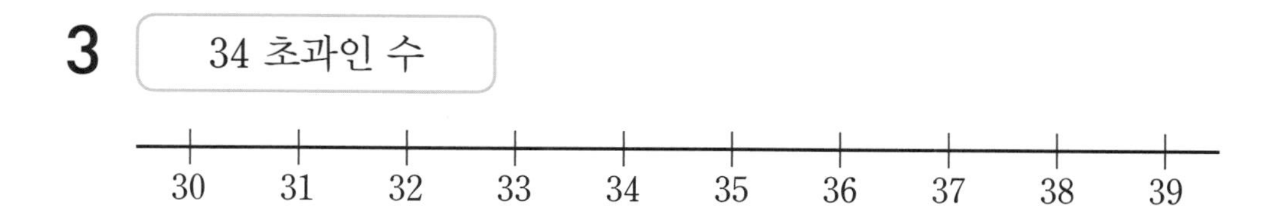

4 81 초과인 수

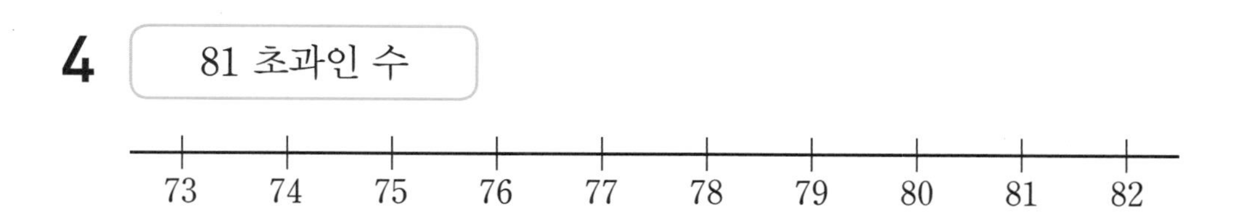

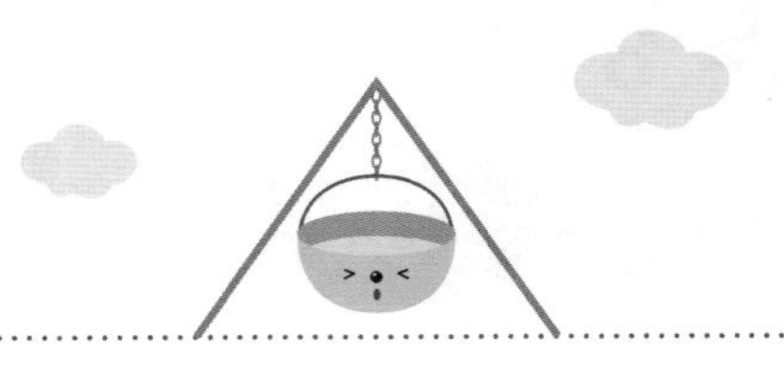

★ 수직선에 나타내어 보세요.

54 미만인 수는 54를 포함하지 않으므로 54를 ○을 이용하여 나타내고 왼쪽으로 선을 긋습니다.

5 54 미만인 수

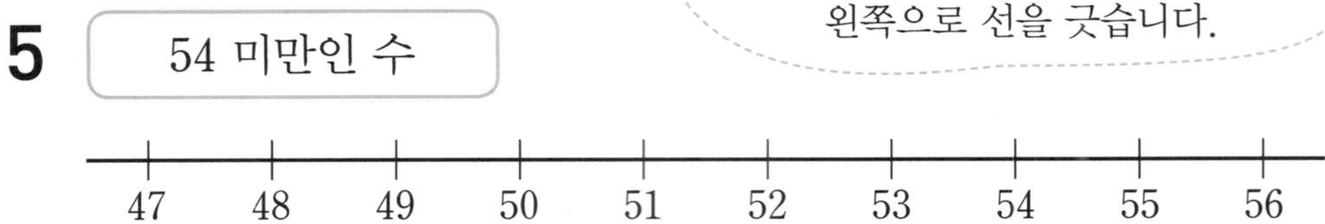

6 25 미만인 수

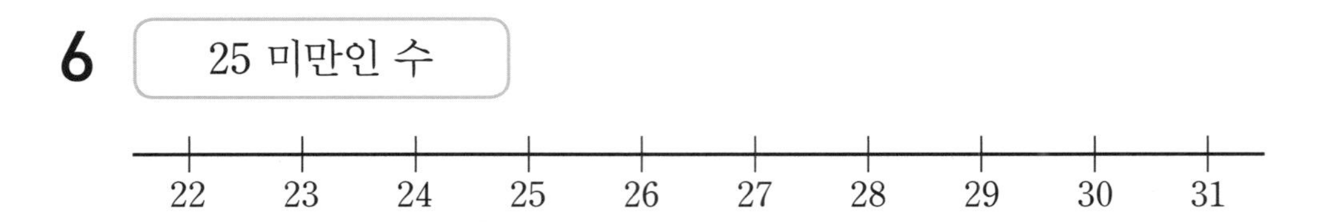

7 92 미만인 수

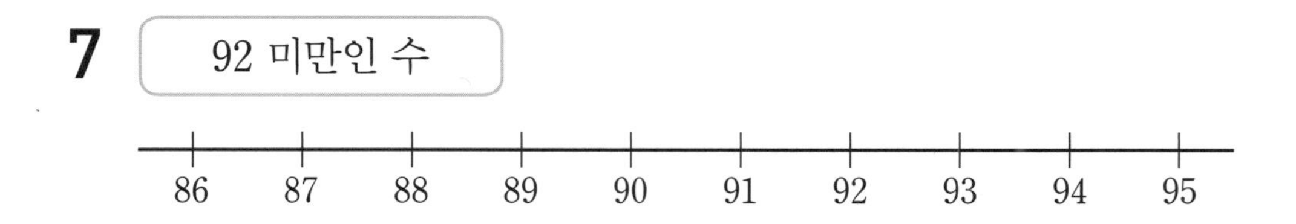

8 66 미만인 수

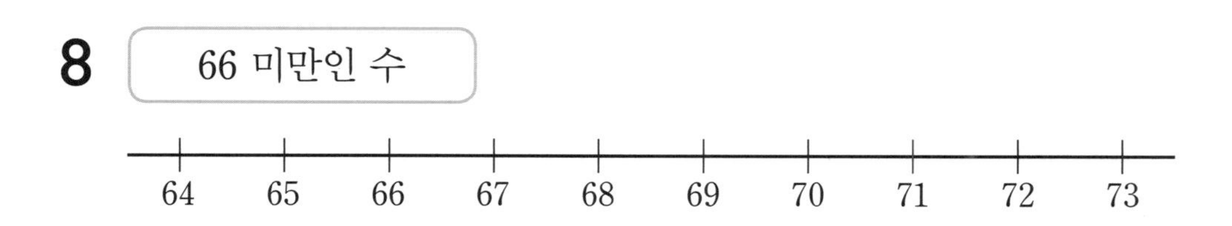

초과와 미만 알아보기

이름 :
날짜 :
시간 : : ~ :

초과와 미만 알아보기

1 우리나라 여러 도시의 9월 강수량을 조사하여 나타낸 표입니다. 물음에 답하세요.

도시별 9월 강수량

도시	인천	대전	대구	포항	광주	부산
강수량(mm)	46.1	149.4	109.0	160.0	129.7	308.4

(출처: 2018년 9월 강수량, 기상자료개방포털, 2018.)

(1) 강수량이 109 mm 초과인 도시의 강수량을 모두 써 보세요.

( ) mm

(2) 강수량이 109 mm 미만인 도시의 강수량을 써 보세요.

( ) mm

(3) 강수량이 160 mm 초과인 도시의 강수량을 써 보세요.

( ) mm

(4) 강수량이 160 mm 미만인 도시의 강수량을 모두 써 보세요.

( ) mm

2 90 초과인 수에 ○표, 90 미만인 수에 △표 하세요.

87 88 89 90 91 92 93

3 76 초과인 수에 ○표, 57 미만인 수에 △표 하세요.

84 76 42 98 35 57 61

★ 수직선에 나타낸 수의 범위를 써 보세요.

4

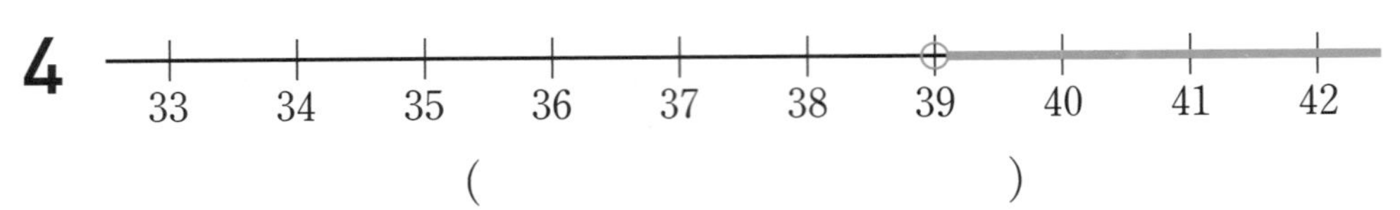

( )

5

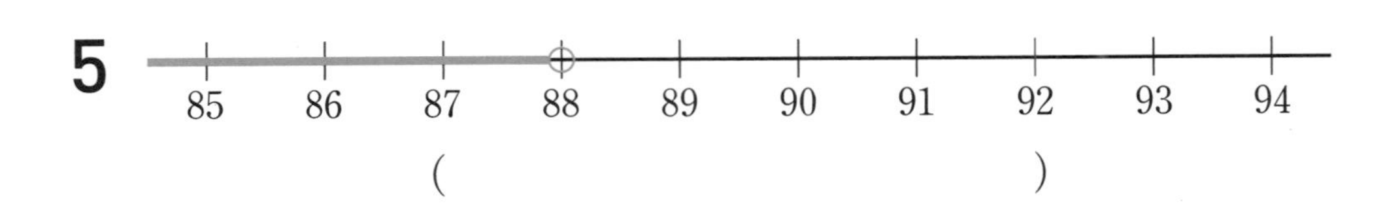

( )

★ 수직선에 나타내어 보세요.

6

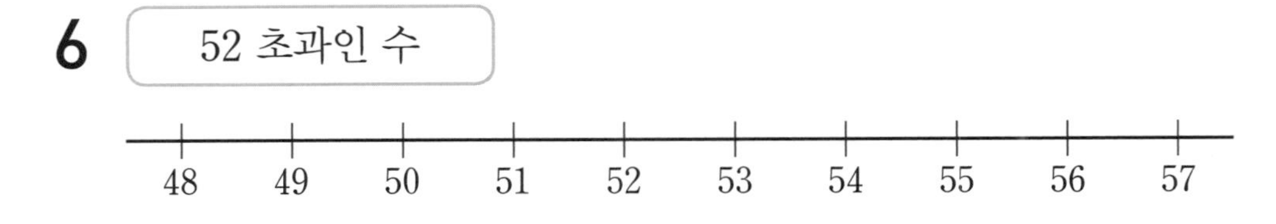

7

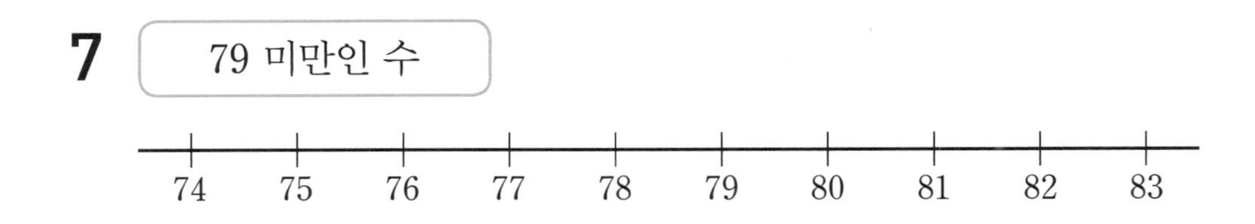

이름 :
날짜 :
시간 : : ~ :

초과와 미만 알아보기

초과와 미만 활용하기

1 5명이 정원인 자동차에 사람들이 타려고 합니다. 정원을 초과하게 되는 자동차를 찾아 기호를 써 보세요.

( )

2 통과 제한 높이가 2 m인 도로가 있습니다. 통과할 수 있는 자동차를 모두 찾아 기호를 써 보세요.

자동차	㉠	㉡	㉢	㉣	㉤	㉥
높이(cm)	187	225	175	140	190	200

( )

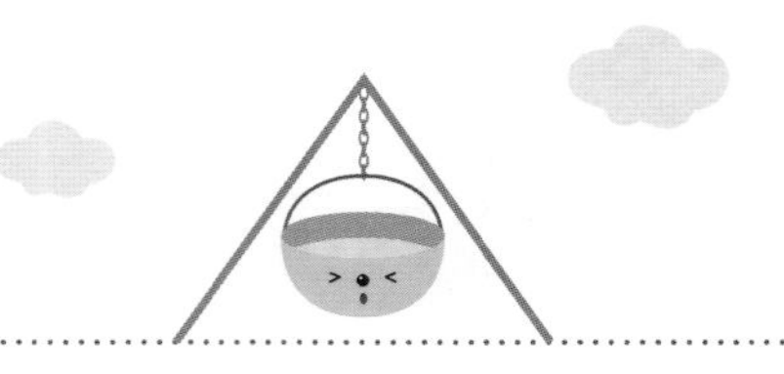

3 서울 시내버스를 탈 때 요금을 내지 않아도 되는 어린이의 만 나이를 수직선에 나타내었습니다. 물음에 답하세요.

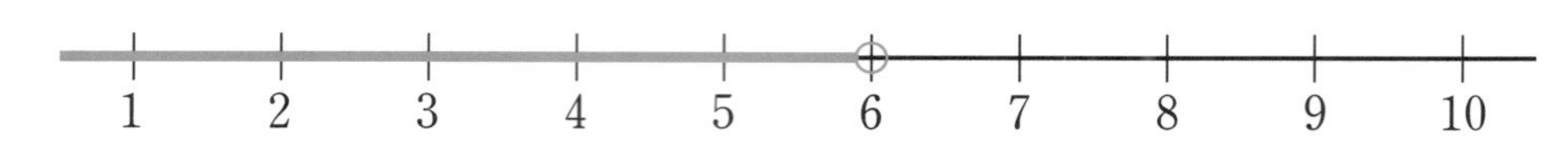

어린이들의 만 나이

이름	예슬	승찬	지유	성은	민서	현태
만 나이(세)	5	9	6	4	7	8

(1) 요금을 내지 않아도 되는 어린이의 나이는 만 몇 세 미만인가요?

만 (　　　　　　　　)세 미만

(2) 요금을 내지 않아도 되는 어린이의 이름을 모두 써 보세요.

(　　　　　　　　　　　　　　)

4 ○○ 항공사는 수하물의 무게가 20 kg을 초과하면 요금을 더 내야 합니다. 요금을 더 내야 하는 수하물 무게의 범위를 수직선에 나타내어 보세요.

문제 해결하기

이름 :
날짜 :
시간 : : ~ :

이상과 이하 · 초과와 미만 활용하기 ①

★ 태선이네 반 남학생들의 제기차기 기록을 조사하여 나타낸 표입니다. 물음에 답하세요.

태선이네 반 남학생들의 제기차기 기록

이름	태선	민호	동호	민규	형석	보선
개수(개)	7	8	9	10	11	12

1 제기차기 개수가 8개 이상인 학생의 기록을 모두 써 보세요.

( )개

2 제기차기 개수가 11개 이하인 학생의 기록을 모두 써 보세요.

( )개

3 제기차기 개수가 8개 이상 11개 이하인 학생의 기록을 모두 써 보세요.

( )개

4 제기차기 개수가 8개 초과인 학생의 기록을 모두 써 보세요.

( )개

5 제기차기 개수가 11개 미만인 학생의 기록을 모두 써 보세요.

( )개

6 제기차기 개수가 8개 초과 11개 미만인 학생의 기록을 모두 써 보세요.

( )개

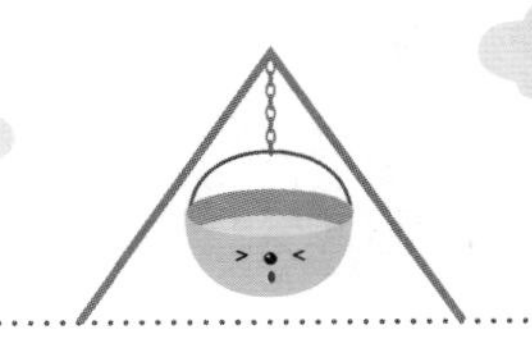

★ 윤하네 반 여학생들의 왕복 오래달리기 기록을 조사하여 나타낸 표입니다. 물음에 답하세요.

윤하네 반 여학생들의 왕복 오래달리기 기록

이름	윤하	시윤	주희	지혜	수연	다연
횟수(회)	67	68	69	70	71	72

7 왕복 오래달리기 횟수가 68회 이상인 학생의 기록을 모두 써 보세요.

( )회

8 왕복 오래달리기 횟수가 71회 이하인 학생의 기록을 모두 써 보세요.

( )회

9 왕복 오래달리기 횟수가 68회 이상 71회 이하인 학생의 기록을 모두 써 보세요.

( )회

10 왕복 오래달리기 횟수가 68회 초과인 학생의 기록을 모두 써 보세요.

( )회

11 왕복 오래달리기 횟수가 71회 미만인 학생의 기록을 모두 써 보세요.

( )회

12 왕복 오래달리기 횟수가 68회 초과 71회 미만인 학생의 기록을 모두 써 보세요.

( )회

문제 해결하기

이름 :
날짜 :
시간 : : ~ :

이상과 이하 · 초과와 미만 활용하기 ②

1 채윤이네 반 여학생들이 콩 주머니를 던져서 바구니에 넣은 콩 주머니의 개수를 조사하여 나타낸 표입니다. 물음에 답하세요.

채윤이네 반 여학생들이 바구니에 넣은 콩 주머니의 개수

이름	채윤	나린	민희	수현	지영	경아
개수(개)	20	21	22	23	24	25

(1) 바구니에 넣은 콩 주머니의 개수가 20개 이상 23개 미만인 학생의 개수를 모두 써 보세요.

( )개

(2) 바구니에 넣은 콩 주머니의 개수가 21개 초과 25개 미만인 학생의 개수를 모두 써 보세요.

( )개

2 마을별 하루 쓰레기 배출량을 조사하여 나타낸 표입니다. 물음에 답하세요.

마을별 하루 쓰레기 배출량

마을	㉠	㉡	㉢	㉣	㉤	㉥
배출량(kg)	270	140	180	480	210	320

(1) 하루 쓰레기 배출량이 180 kg 이상 270 kg 이하인 마을의 배출량을 모두 써 보세요.

( ) kg

(2) 하루 쓰레기 배출량이 210 kg 초과 480 kg 이하인 마을의 배출량을 모두 써 보세요.

( ) kg

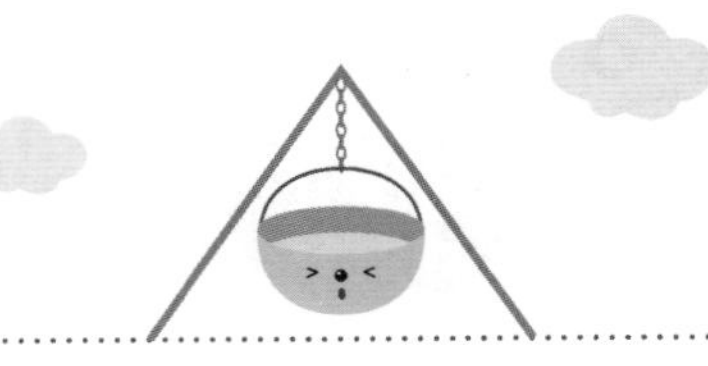

3 서우네 반 여학생들의 앉아 윗몸 앞으로 굽히기 기록을 조사하여 나타낸 표입니다. 물음에 답하세요.

서우네 반 여학생들의 앉아 윗몸 앞으로 굽히기 기록

이름	서우	아현	미선	채원	예은	수지
길이(cm)	5.3	7.2	6.5	4.7	9.0	8.8

(1) 앉아 윗몸 앞으로 굽히기를 한 길이가 5 cm 이상 7 cm 이하인 학생의 기록을 모두 써 보세요.

( ) cm

(2) 앉아 윗몸 앞으로 굽히기를 한 길이가 7 cm 이상 9 cm 미만인 학생의 기록을 모두 써 보세요.

( ) cm

4 한별이네 반 남학생들의 제자리멀리뛰기 기록을 조사하여 나타낸 표입니다. 물음에 답하세요.

한별이네 반 남학생들의 제자리멀리뛰기 기록

이름	한별	승주	태현	윤호	승재	재현
거리(cm)	140.0	138.0	139.2	140.8	135.0	142.0

(1) 제자리멀리뛰기를 한 거리가 138 cm 초과 142 cm 미만인 학생의 기록을 모두 써 보세요.

( ) cm

(2) 제자리멀리뛰기를 한 거리가 134 cm 초과 140 cm 이하인 학생의 기록을 모두 써 보세요.

( ) cm

이름 :
날짜 :
시간 : : ~ :

문제 해결하기

이상과 이하·초과와 미만 활용하기 ③

1 18 이상 21 이하인 수에 ○표 하세요.

18	19	20	21	22	23	24

2 44 초과 48 미만인 수에 ○표 하세요.

43	44	45	46	47	48	49

3 67 이상 71 미만인 수에 ○표 하세요.

65	66	67	68	69	70	71

4 77 초과 81 이하인 수에 ○표 하세요.

77	78	79	80	81	82	83

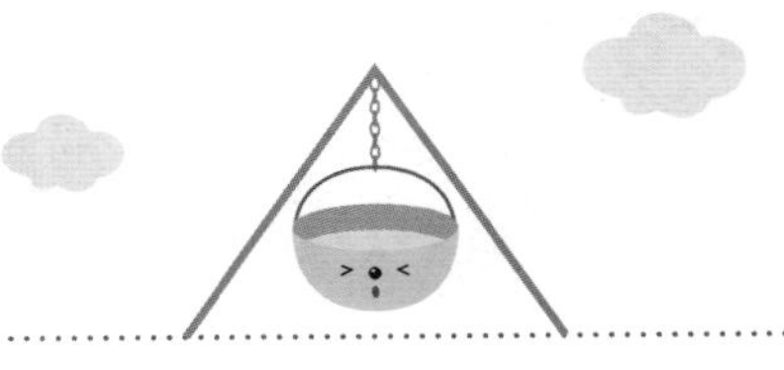

5 49 이상 70 이하인 수에 ○표 하세요.

67 49 34 51 25 70 82

6 26 초과 65 미만인 수에 ○표 하세요.

79 41 26 38 65 13 52

7 31 이상 73 미만인 수에 ○표 하세요.

47 85 54 66 31 90 73

8 61 초과 94 이하인 수에 ○표 하세요.

83 45 94 61 68 76 59

이름 :
날짜 :
시간 : : ~ :

문제 해결하기

수직선에 나타낸 수의 범위 읽기

★ 수직선에 나타낸 수의 범위를 써 보세요.

1

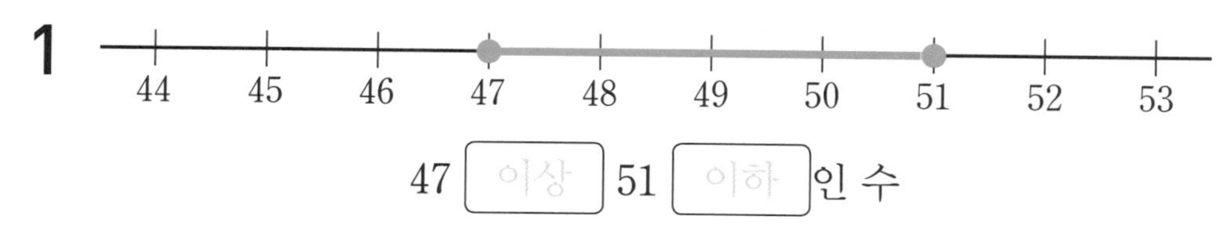

47 [이상] 51 [이하]인 수

2

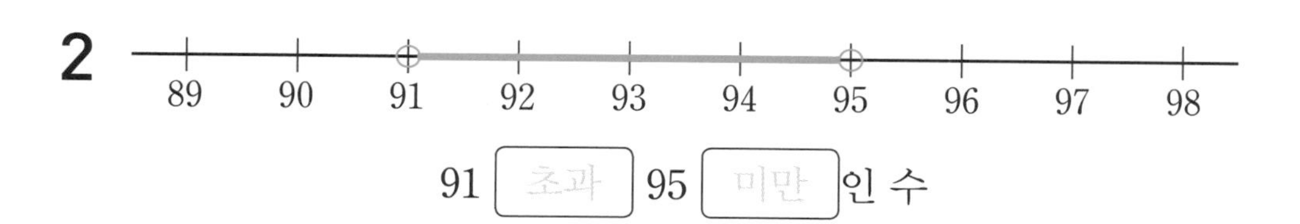

91 [초과] 95 [미만]인 수

3

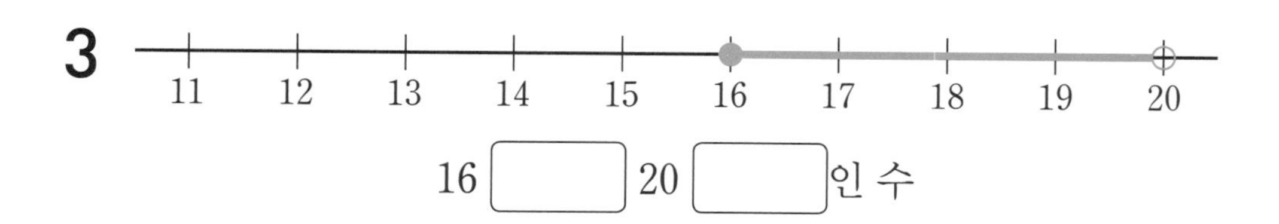

16 [ ] 20 [ ]인 수

4

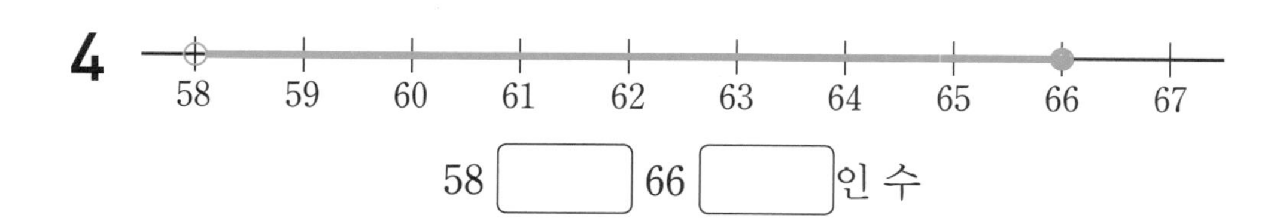

58 [ ] 66 [ ]인 수

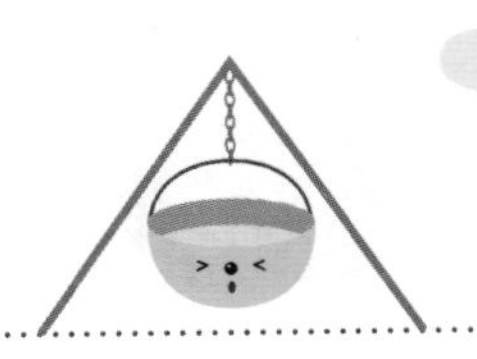

★ 수직선에 나타낸 수의 범위를 써 보세요.

5

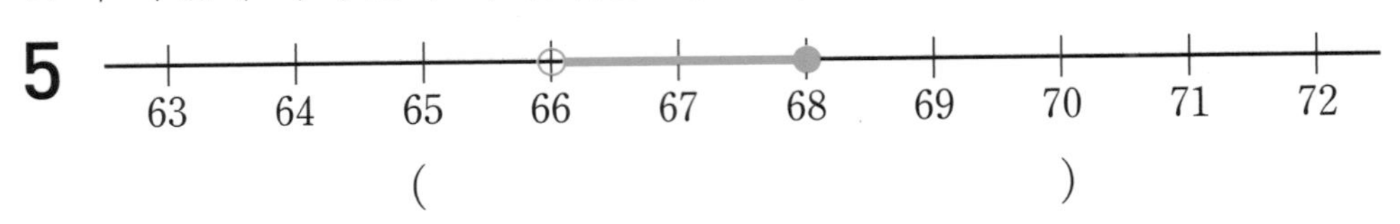

(   )

6

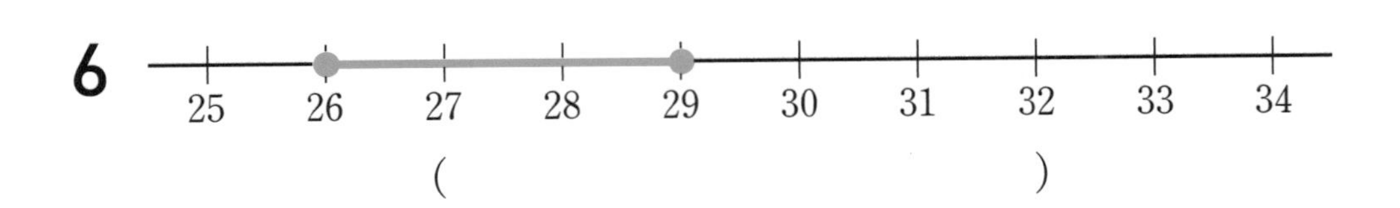

(   )

7

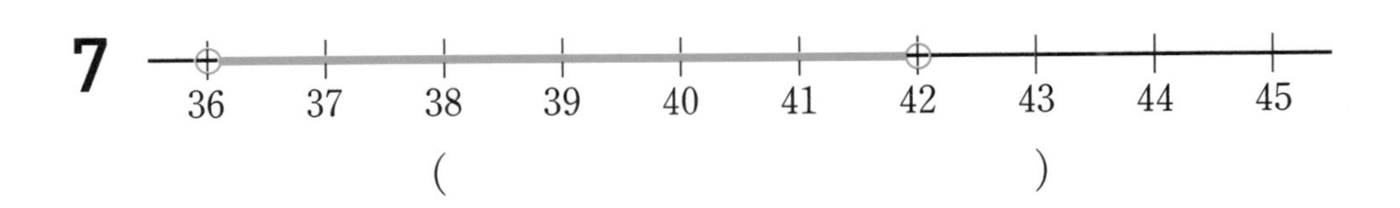

(   )

8

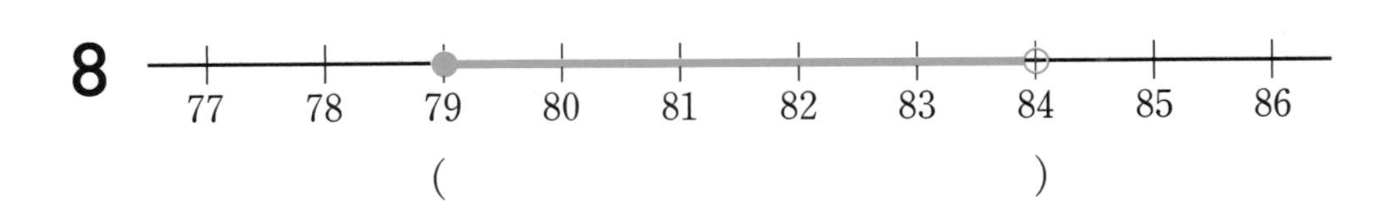

(   )

문제 해결하기

이름 :
날짜 :
시간 : : ~ :

수직선에 수의 범위 나타내기

★ 수직선에 나타내어 보세요.

1 34 이상 40 이하인 수

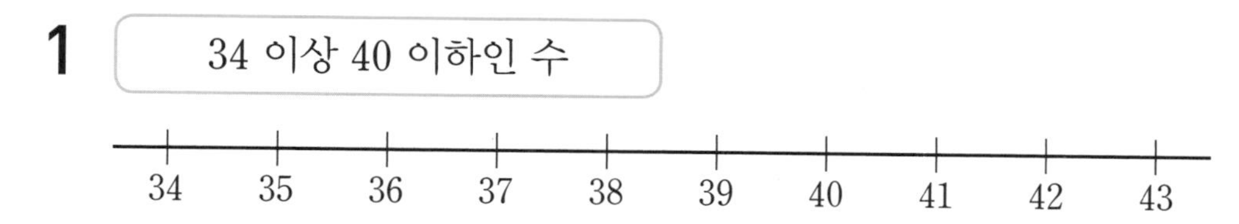

2 25 초과 29 미만인 수

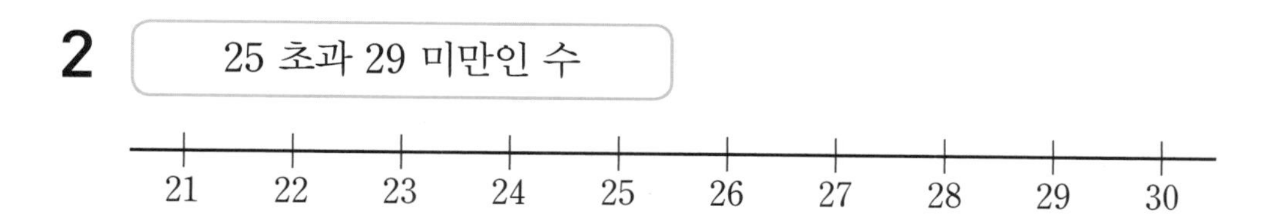

3 73 이상 77 미만인 수

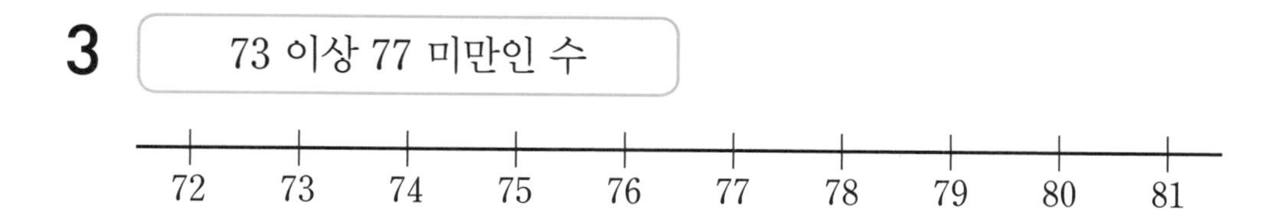

4 70 초과 74 이하인 수

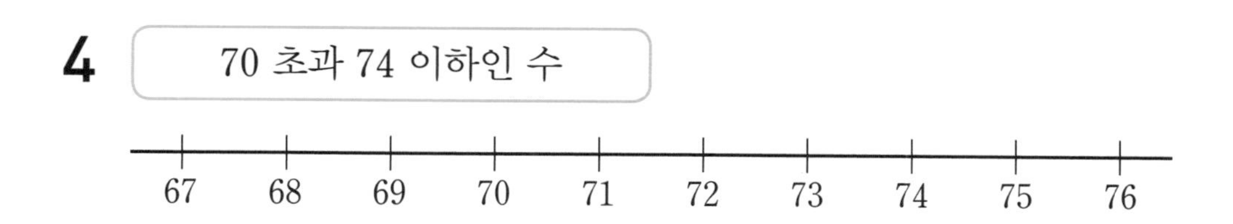

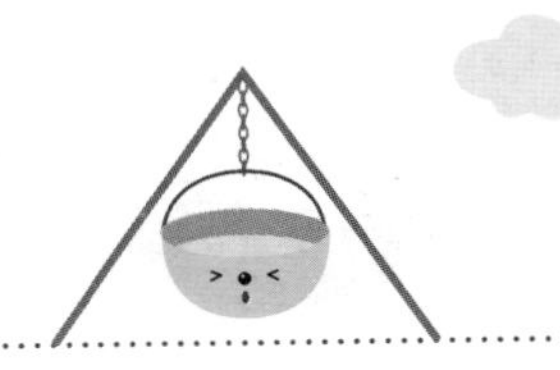

★ 수직선에 나타내어 보세요.

5 20 초과 23 이하인 수

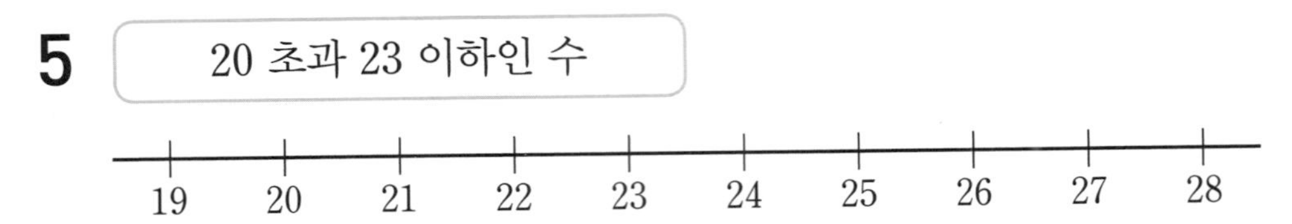

6 94 이상 98 이하인 수

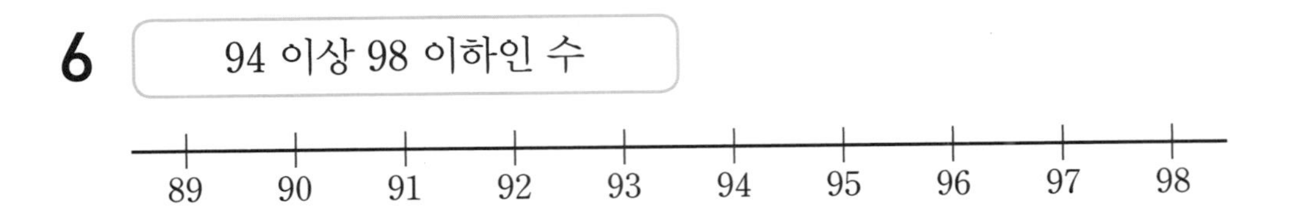

7 47 초과 53 미만인 수

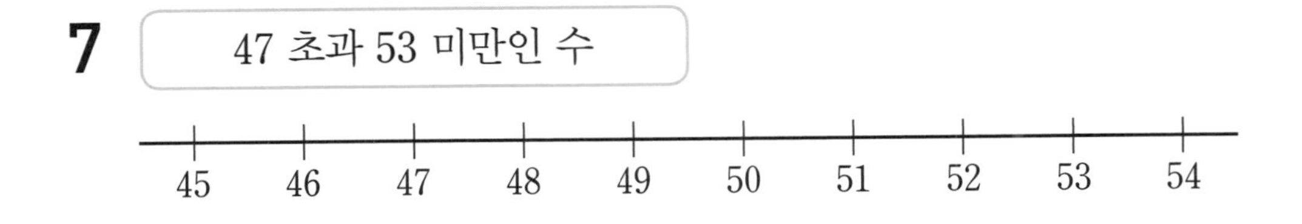

8 61 이상 64 미만인 수

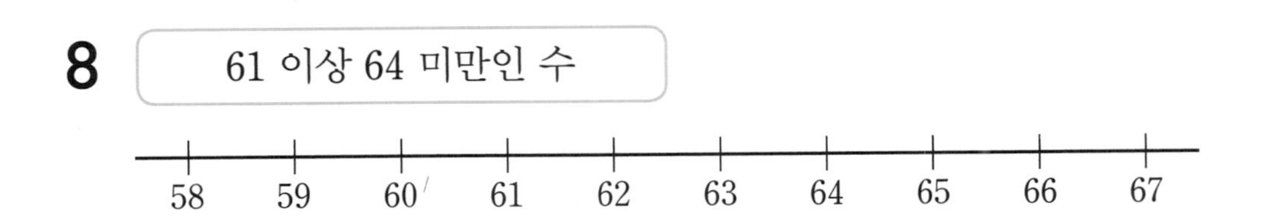

문제 해결하기

이름 :
날짜 :
시간 : : ~ :

수의 범위를 활용하여 문제 해결하기 ①

★ 재성이네 학교 남자 태권도 선수들의 몸무게와 체급별 몸무게를 나타낸 표입니다. 물음에 답하세요.

재성이네 학교 남자 태권도 선수들의 몸무게

이름	재성	도윤	원호	태수	준현	은성
몸무게(kg)	34.1	32.0	35.8	36.6	33.7	39.5

체급별 몸무게(초등학교 남학생용)

체급	몸무게(kg)
핀급	32 이하
플라이급	32 초과 34 이하
밴텀급	34 초과 36 이하
페더급	36 초과 39 이하
라이트급	39 초과 42 이하

(출처: 초등부 고학년부(5, 6학년) 남자, 대한 태권도 협회, 2019.)

1 재성이가 속한 체급을 말해 보세요.

( )

2 준현이가 속한 체급의 몸무게 범위를 말해 보세요.

( )

3 태수가 속한 체급의 몸무게 범위를 수직선에 나타내어 보세요.

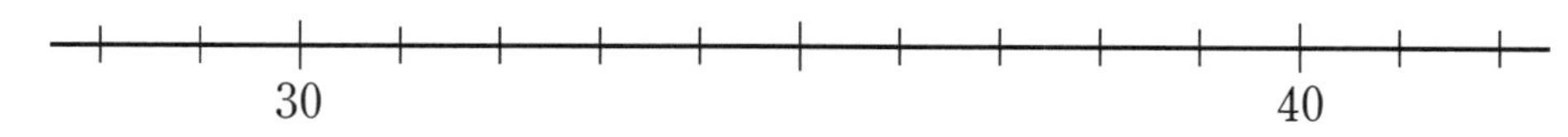

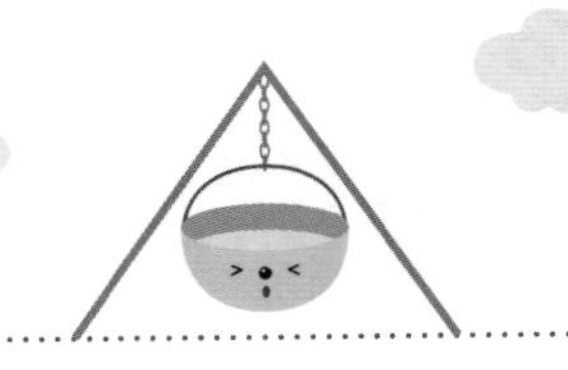

★ 은경이네 학교 여자 태권도 선수들의 몸무게와 체급별 몸무게를 나타낸 표입니다. 물음에 답하세요.

은경이네 학교 여자 태권도 선수들의 몸무게

이름	은경	진희	정은	시현	예지	채윤
몸무게(kg)	30.6	29.9	32.7	34.5	34.0	33.1

체급별 몸무게(초등학교 여학생용)

체급	몸무게(kg)
핀급	30 이하
플라이급	30 초과 32 이하
밴텀급	32 초과 34 이하
페더급	34 초과 37 이하
라이트급	37 초과 40 이하

(출처: 초등부 고학년부(5, 6학년) 여자, 대한 태권도 협회, 2019.)

4 은경이가 속한 체급의 몸무게 범위를 말해 보세요.

( )

5 예지와 같은 체급에 속하는 학생의 몸무게를 모두 써 보세요.

( ) kg

6 시현이가 속한 체급의 몸무게 범위를 수직선에 나타내어 보세요.

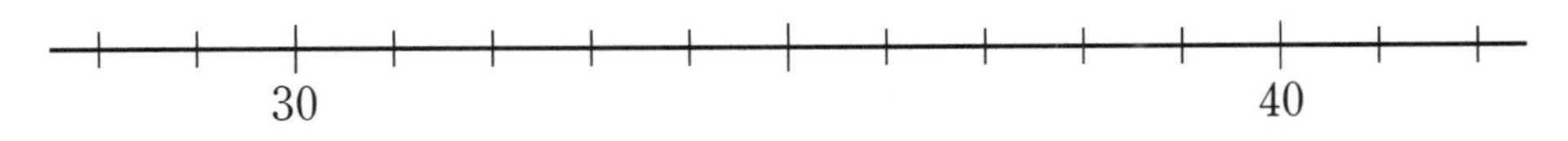

이름 :
날짜 :
시간 : : ~ :

문제 해결하기

수의 범위를 활용하여 문제 해결하기 ②

★ 성윤이네 반 남학생들의 윗몸 말아 올리기 기록을 조사하여 나타낸 표입니다. 물음에 답하세요.

성윤이네 반 남학생들의 윗몸 말아 올리기 기록

이름	성윤	이수	승기	찬진	은성	진규
횟수(회)	23	39	80	51	30	21

등급별 횟수(초등학교 5학년 남학생용)

등급	횟수(회)
1	80 이상
2	40 이상 79 이하
3	22 이상 39 이하
4	10 이상 21 이하
5	9 이하

1 성윤이가 속한 등급의 횟수 범위를 말해 보세요.

( )

2 성윤이와 같은 등급에 속하는 학생의 이름을 모두 써 보세요.

( )

3 성윤이가 속한 등급의 횟수 범위를 수직선에 나타내어 보세요.

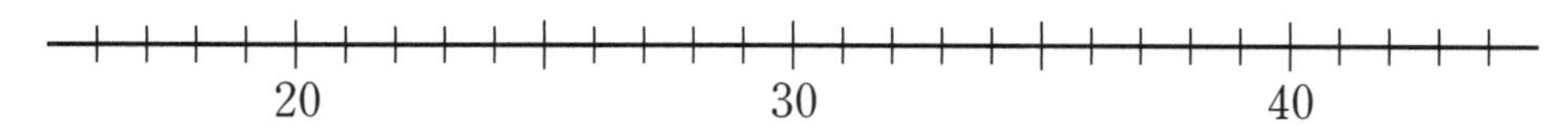

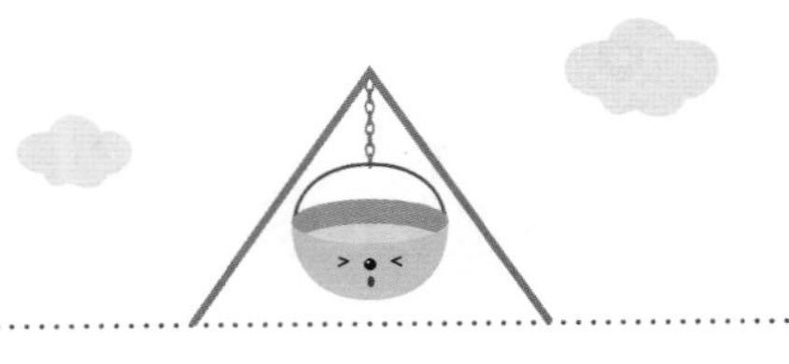

★ 은희네 반 여학생들의 왕복 오래달리기 기록을 조사하여 나타낸 표입니다. 물음에 답하세요.

은희네 반 여학생들의 왕복 오래달리기 기록

이름	은희	나현	하은	지안	다은	유빈
횟수(회)	62	40	50	80	61	85

등급별 횟수(초등학교 5학년 여학생용)

등급	횟수(회)
1	85 이상
2	63 이상 84 이하
3	45 이상 62 이하
4	23 이상 44 이하
5	22 이하

4 나현이가 속한 등급의 횟수 범위를 말해 보세요.

( )

5 하은이와 같은 등급에 속하는 학생의 이름을 모두 써 보세요.

( )

6 은희가 속한 등급의 횟수 범위를 수직선에 나타내어 보세요.

문제 해결하기

이름 :
날짜 :
시간 : : ~ :

수의 범위를 활용하여 문제 해결하기 ③

1 두 수직선에 나타낸 두 수의 범위에 공통으로 속하는 자연수를 모두 써 보세요.

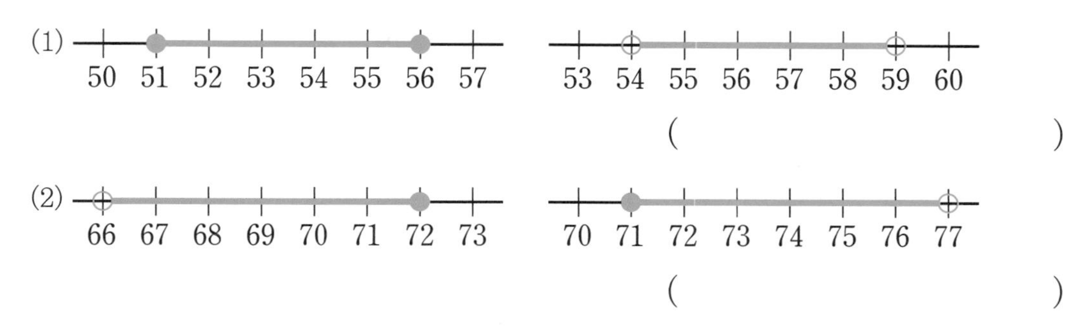

(1) (　　　　　　　　　　)

(2) (　　　　　　　　　　)

2 우리나라 여러 도시의 9월 최저 기온을 조사하여 나타낸 표입니다. 표를 완성해 보세요.

도시별 9월 최저 기온

도시	서울	대전	울산	광주	부산	제주
기온(℃)	10.8	9.9	13.2	11.6	14.9	18.5

(출처: 2018년 9월 최저 기온, 기상자료개방포털, 2019.)

기온(℃)	도시
10 이하	대전
10 초과 12 이하	
12 초과 14 이하	
14 초과 16 이하	
16 초과	

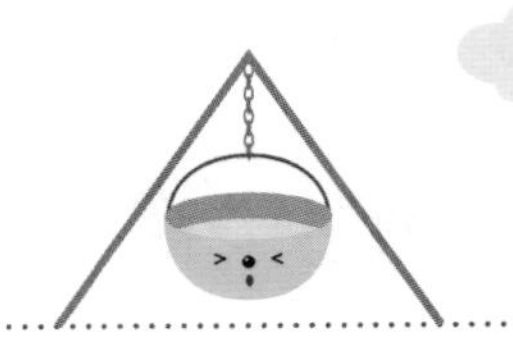

★ 진영이는 가족과 함께 박물관에 갔습니다. 가족의 만 나이와 박물관 입장료가 다음과 같을 때, 물음에 답하세요.

진영이네 가족의 만 나이

가족	진영	동생	오빠	아버지	어머니	할머니
만 나이(세)	11	6	13	45	43	70

박물관 입장료

구분	어린이	청소년	어른
요금(원)	2000	3000	5000

• 어린이: 만 7세 이상 만 12세 이하
• 청소년: 만 12세 초과 만 19세 미만
• 어 른: 만 19세 이상 만 65세 미만
※ 만 7세 미만과 만 65세 이상은 무료

3 표를 완성해 보세요.

만 나이(세)	가족
7 미만	동생
7 이상 12 이하	
12 초과 19 미만	
19 이상 65 미만	
65 이상	

4 진영이네 가족이 모두 박물관에 입장하려면 입장료를 얼마 내야 할까요?

( )원

올림 알아보기

이름 :
날짜 :
시간 : : ~ :

수를 올림하여 나타내기 ①

★ 올림하여 십의 자리까지 나타내어 보세요.

49를 십의 자리까지 나타내기 위하여 십의 자리 아래 수인 9를 10으로 보고 50으로 나타낼 수 있습니다. 이와 같이 구하려는 자리의 아래 수를 올려서 나타내는 방법을 올림이라고 합니다.

올림하여 십의 자리까지 나타내면
49 ⇨ 50

1 49 ⇨ [5]0

2 83 ⇨ (   )

3 455 ⇨ (   )

4 721 ⇨ (   )

★ 올림하여 백의 자리까지 나타내어 보세요.

5 267 ⇨ [3]00

6 614 ⇨ (   )

7 3830 ⇨ (   )

8 5306 ⇨ (   )

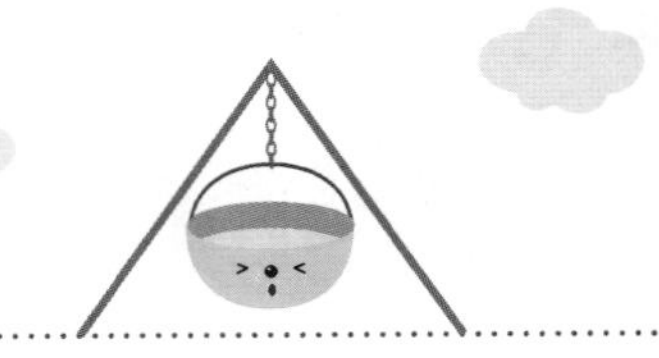

★ 올림하여 천의 자리까지 나타내어 보세요.

9 1592 ⇨ [2]000

10 7878 ⇨ (   )

11 32140 ⇨ (   )

12 60065 ⇨ (   )

★ 올림하여 만의 자리까지 나타내어 보세요.

13 23000 ⇨ [3]0000

14 43400 ⇨ (   )

15 59024 ⇨ (   )

16 76253 ⇨ (   )

올림 알아보기

이름 :
날짜 :
시간 : : ~ :

수를 올림하여 나타내기 ②

★ 올림하여 소수 첫째 자리까지 나타내어 보세요.

1 1.42 ⇨ 1 . 5

2 3.18 ⇨ ( )

3 5.75 ⇨ ( )

4 7.63 ⇨ ( )

5 2.371 ⇨ 2 . 4

6 4.262 ⇨ ( )

7 6.847 ⇨ ( )

8 9.505 ⇨ ( )

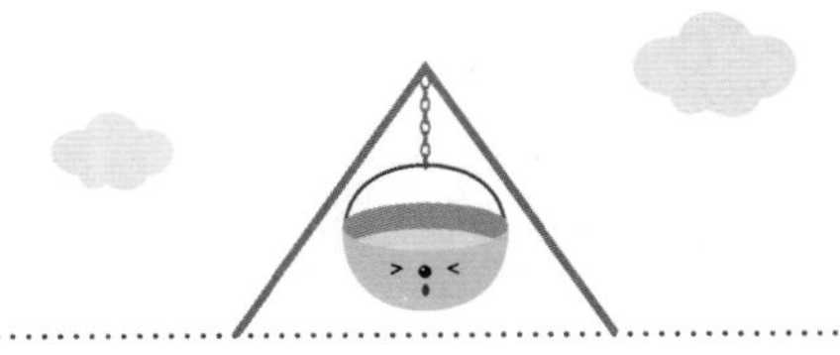

★ 올림하여 소수 둘째 자리까지 나타내어 보세요.

9 3.316 ⇨ 3 . 3 2

10 5.653 ⇨ (　　　　　　　　　)

11 7.832 ⇨ (　　　　　　　　　)

12 8.269 ⇨ (　　　　　　　　　)

13 10.528 ⇨ 1 0 . 5 3

14 29.745 ⇨ (　　　　　　　　　)

15 41.487 ⇨ (　　　　　　　　　)

16 86.904 ⇨ (　　　　　　　　　)

올림 알아보기

이름 :
날짜 :
시간 : : ~ :

수를 올림하여 나타내기 ③

★ 올림하여 주어진 자리까지 나타내어 보세요.

1 857

십의 자리 ⇨ (　　　　　　　　)
백의 자리 ⇨ (　　　　　　　　)

2 6129

십의 자리 ⇨ (　　　　　　　　)
백의 자리 ⇨ (　　　　　　　　)

3 2940

백의 자리 ⇨ (　　　　　　　　)
천의 자리 ⇨ (　　　　　　　　)

4 18000

천의 자리 ⇨ (　　　　　　　　)
만의 자리 ⇨ (　　　　　　　　)

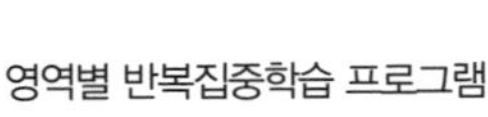

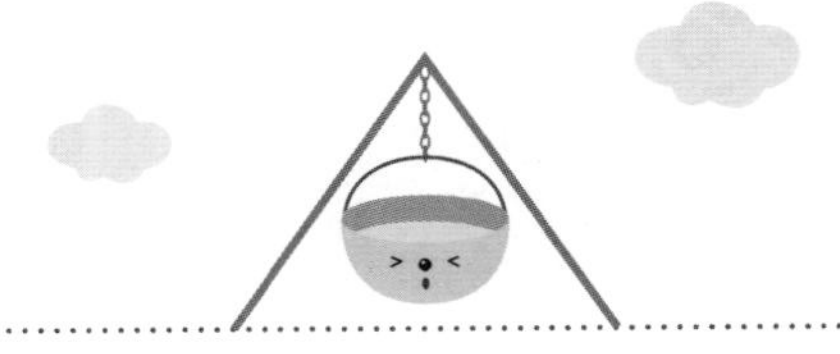

★ 올림하여 주어진 자리까지 나타내어 보세요.

5 0.148

소수 첫째 자리 ⇨ (　　　　　　　　　　)
소수 둘째 자리 ⇨ (　　　　　　　　　　)

6 5.821

소수 첫째 자리 ⇨ (　　　　　　　　　　)
소수 둘째 자리 ⇨ (　　　　　　　　　　)

7 9.259

소수 첫째 자리 ⇨ (　　　　　　　　　　)
소수 둘째 자리 ⇨ (　　　　　　　　　　)

8 73.673

소수 첫째 자리 ⇨ (　　　　　　　　　　)
소수 둘째 자리 ⇨ (　　　　　　　　　　)

올림 알아보기

이름 :
날짜 :
시간 : : ~ :

어림한 수의 크기 비교하기

★ 어림한 수의 크기를 비교하여 ○ 안에 ＞, ＝, ＜를 알맞게 써넣으세요.

1 593을 올림하여 십의 자리까지 나타낸 수 ⇨ ☐ ○ 508을 올림하여 백의 자리까지 나타낸 수 ⇨ ☐

2 4162를 올림하여 백의 자리까지 나타낸 수 ⇨ ☐ ○ 4157을 올림하여 십의 자리까지 나타낸 수 ⇨ ☐

3 8450을 올림하여 천의 자리까지 나타낸 수 ⇨ ☐ ○ 9020을 올림하여 백의 자리까지 나타낸 수 ⇨ ☐

4 78100을 올림하여 천의 자리까지 나타낸 수 ⇨ ☐ ○ 75300을 올림하여 만의 자리까지 나타낸 수 ⇨ ☐

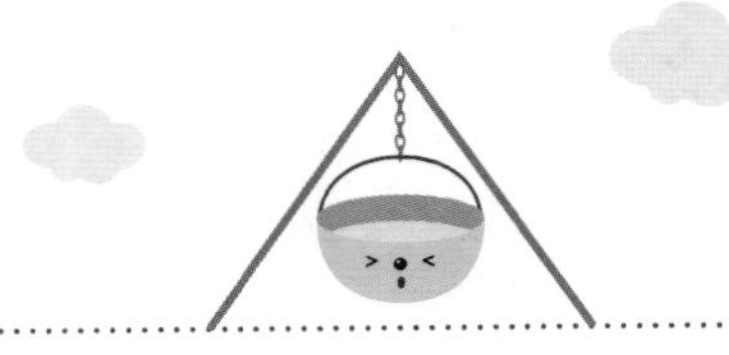

★ 어림한 수의 크기를 비교하여 ○ 안에 ＞, ＝, ＜를 알맞게 써넣으세요.

5 0.47을 올림하여 소수 첫째 자리까지 나타낸 수 ⇨ □ ○ 0.52를 올림하여 소수 첫째 자리까지 나타낸 수 ⇨ □

6 4.741을 올림하여 소수 첫째 자리까지 나타낸 수 ⇨ □ ○ 4.765를 올림하여 소수 첫째 자리까지 나타낸 수 ⇨ □

7 7.134를 올림하여 소수 둘째 자리까지 나타낸 수 ⇨ □ ○ 7.04를 올림하여 소수 첫째 자리까지 나타낸 수 ⇨ □

8 6.353을 올림하여 소수 둘째 자리까지 나타낸 수 ⇨ □ ○ 6.359를 올림하여 소수 둘째 자리까지 나타낸 수 ⇨ □

올림 알아보기

이름 :
날짜 :
시간 : : ~ :

올림 활용하기

1 수정이네 반 학생들의 몸무게를 조사하여 나타낸 표입니다. 몸무게를 올림하여 일의 자리까지 나타내어 보세요.

수정이네 반 학생들의 몸무게

이름	수정	은혁	창민	소라	승호
몸무게(kg)	46.0	50.3	46.4	39.8	48.6
올림한 몸무게(kg)					

2 올림하여 백의 자리까지 나타낼 때 나머지 넷과 다른 것을 찾아 ○표 하세요.

6300 6301 6320 6399 6400

3 올림하여 백의 자리까지 나타내면 2600이 되는 수를 모두 찾아 ○표 하세요.

2407 2645 2501 2500 2599

4 7891을 올림하여 천의 자리까지 나타낸 수와 올림하여 백의 자리까지 나타낸 수의 차는 얼마인가요?

( )

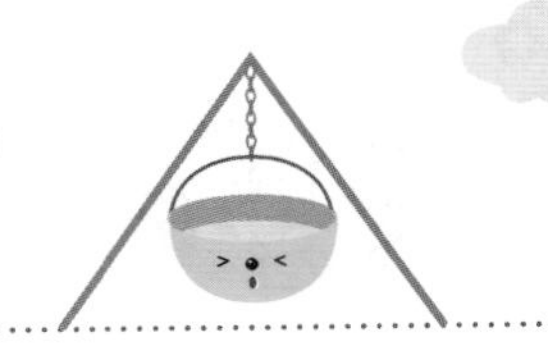

5 수 카드 4장을 한 번씩만 사용하여 가장 작은 네 자리 수를 만들고, 만든 네 자리 수를 올림하여 백의 자리까지 나타내어 보세요.

(　　　　　　　　　　)

6 사물함 자물쇠의 비밀번호를 올림하여 백의 자리까지 나타내면 5300입니다. 사물함 자물쇠의 비밀번호를 알아맞혀 보세요.

(　　　　　　　　　　)

7 어떤 수가 될 수 있는 수 중에서 가장 작은 자연수를 말해 보세요.

> 어떤 수를 올림하여 십의 자리까지 나타내었더니 100이 되었습니다.

(　　　　　　　　　　)

버림 알아보기

이름 :
날짜 :
시간 : : ~ :

수를 버림하여 나타내기 ①

★ 버림하여 십의 자리까지 나타내어 보세요.

52를 십의 자리까지 나타내기 위하여 십의 자리 아래 수인 2를 0으로 보고 50으로 나타낼 수 있습니다. 이와 같이 구하려는 자리의 아래 수를 버려서 나타내는 방법을 버림이라고 합니다.

버림하여 십의 자리까지 나타내면
52 ⇨ 50

1 52 ⇨ [5]0

2 78 ⇨ (　　　　　　)

3 391 ⇨ (　　　　　　)

4 803 ⇨ (　　　　　　)

★ 버림하여 백의 자리까지 나타내어 보세요.

5 136 ⇨ [1]00

6 549 ⇨ (　　　　　　)

7 4285 ⇨ (　　　　　　)

8 8027 ⇨ (　　　　　　)

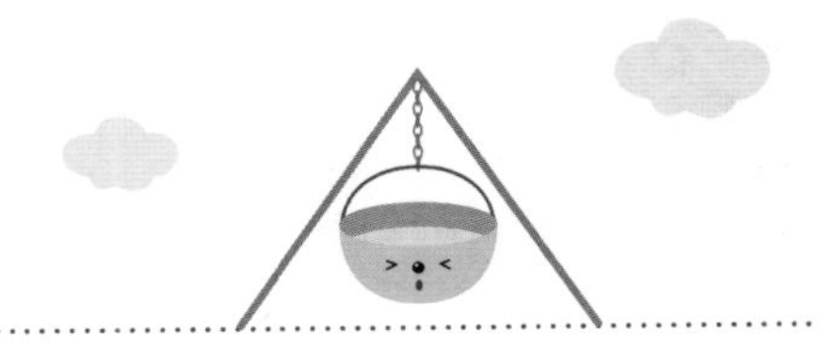

★ 버림하여 천의 자리까지 나타내어 보세요.

9 2610 ⇨ [2]000

10 6764 ⇨ (　　　　　　　　)

11 49380 ⇨ (　　　　　　　　)

12 74028 ⇨ (　　　　　　　　)

★ 버림하여 만의 자리까지 나타내어 보세요.

13 16000 ⇨ [1]0000

14 35400 ⇨ (　　　　　　　　)

15 52345 ⇨ (　　　　　　　　)

16 80006 ⇨ (　　　　　　　　)

버림 알아보기

이름 :

날짜 :

시간 : : ~ :

수를 버림하여 나타내기 ②

★ 버림하여 소수 첫째 자리까지 나타내어 보세요.

1 3.87 ⇨ 3 . 8

2 4.21 ⇨ (　　　　　　)

3 7.43 ⇨ (　　　　　　)

4 9.56 ⇨ (　　　　　　)

5 1.148 ⇨ 1 . 1

6 5.623 ⇨ (　　　　　　)

7 6.354 ⇨ (　　　　　　)

8 8.907 ⇨ (　　　　　　)

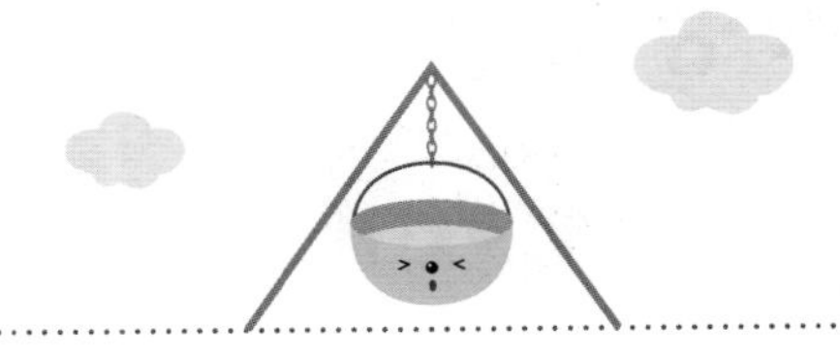

★ 버림하여 소수 둘째 자리까지 나타내어 보세요.

9 2.734 ⇨ 2 . 7 3

10 4.198 ⇨ (   )

11 6.365 ⇨ (   )

12 9.671 ⇨ (   )

13 15.043 ⇨ 1 5 . 0 4

14 30.527 ⇨ (   )

15 68.482 ⇨ (   )

16 71.256 ⇨ (   )

이름 :
날짜 :
시간 : : ~ :

버림 알아보기

수를 버림하여 나타내기 ③

★ 버림하여 주어진 자리까지 나타내어 보세요.

1 418

십의 자리 ⇨ (　　　　　　　　　　)
백의 자리 ⇨ (　　　　　　　　　　)

2 3204

십의 자리 ⇨ (　　　　　　　　　　)
백의 자리 ⇨ (　　　　　　　　　　)

3 5600

백의 자리 ⇨ (　　　　　　　　　　)
천의 자리 ⇨ (　　　　　　　　　　)

4 90090

천의 자리 ⇨ (　　　　　　　　　　)
만의 자리 ⇨ (　　　　　　　　　　)

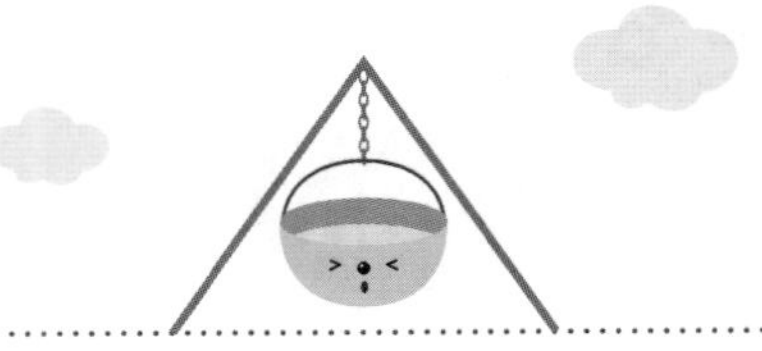

★ 버림하여 주어진 자리까지 나타내어 보세요.

5 0.793

소수 첫째 자리 ⇨ (　　　　　　　　)
소수 둘째 자리 ⇨ (　　　　　　　　)

6 4.315

소수 첫째 자리 ⇨ (　　　　　　　　)
소수 둘째 자리 ⇨ (　　　　　　　　)

7 8.564

소수 첫째 자리 ⇨ (　　　　　　　　)
소수 둘째 자리 ⇨ (　　　　　　　　)

8 82.938

소수 첫째 자리 ⇨ (　　　　　　　　)
소수 둘째 자리 ⇨ (　　　　　　　　)

버림 알아보기

이름 :

날짜 :

시간 : : ~ :

어림한 수의 크기 비교하기

★ 어림한 수의 크기를 비교하여 ○ 안에 >, =, <를 알맞게 써넣으세요.

1 616을 버림하여 십의 자리까지 나타낸 수 ⇨ ☐ ○ 674를 버림하여 백의 자리까지 나타낸 수 ⇨ ☐

2 1680을 버림하여 백의 자리까지 나타낸 수 ⇨ ☐ ○ 1613을 버림하여 십의 자리까지 나타낸 수 ⇨ ☐

3 7950을 버림하여 천의 자리까지 나타낸 수 ⇨ ☐ ○ 7045를 버림하여 백의 자리까지 나타낸 수 ⇨ ☐

4 61043을 버림하여 천의 자리까지 나타낸 수 ⇨ ☐ ○ 65005를 버림하여 만의 자리까지 나타낸 수 ⇨ ☐

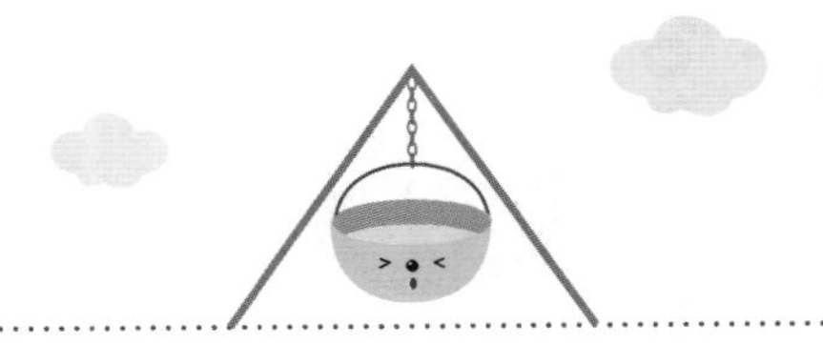

★ 어림한 수의 크기를 비교하여 ○ 안에 ＞, ＝, ＜를 알맞게 써넣으세요.

5	0.81을 버림하여 소수 첫째 자리까지 나타낸 수 ⇨ □	○	0.88을 버림하여 소수 첫째 자리까지 나타낸 수 ⇨ □
6	3.452를 버림하여 소수 첫째 자리까지 나타낸 수 ⇨ □	○	3.168을 버림하여 소수 첫째 자리까지 나타낸 수 ⇨ □
7	5.014를 버림하여 소수 둘째 자리까지 나타낸 수 ⇨ □	○	5.13을 버림하여 소수 첫째 자리까지 나타낸 수 ⇨ □
8	7.927을 버림하여 소수 둘째 자리까지 나타낸 수 ⇨ □	○	7.872를 버림하여 소수 둘째 자리까지 나타낸 수 ⇨ □

버림 알아보기

이름 :
날짜 :
시간 : : ~ :

버림 활용하기

1 예은이네 반 학생들의 앉은키를 조사하여 나타낸 표입니다. 앉은키를 버림하여 일의 자리까지 나타내어 보세요.

예은이네 반 학생들의 앉은키

이름	예은	희지	성훈	종인	태호
앉은키(cm)	76.5	74.2	78.1	73.8	75.0
버림한 앉은키(cm)					

2 버림하여 백의 자리까지 나타낼 때 나머지 넷과 다른 것을 찾아 ○표 하세요.

7399 7401 7300 7370 7309

3 버림하여 백의 자리까지 나타내면 3300이 되는 수를 모두 찾아 ○표 하세요.

3246 3392 3210 3478 3300

4 4758을 버림하여 백의 자리까지 나타낸 수와 버림하여 십의 자리까지 나타낸 수의 차는 얼마인가요?

( )

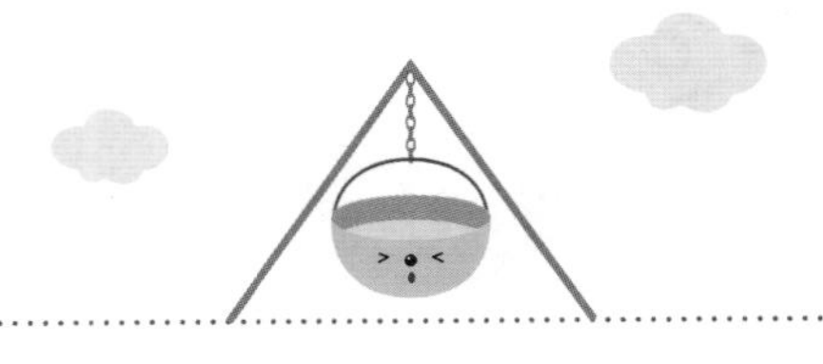

5 수 카드 4장을 한 번씩만 사용하여 가장 큰 네 자리 수를 만들고, 만든 네 자리 수를 버림하여 천의 자리까지 나타내어 보세요.

( )

6 여행 가방의 비밀번호를 버림하여 백의 자리까지 나타내면 300입니다. 여행 가방의 비밀번호를 알아맞혀 보세요.

( )

7 우빈이와 성연이의 대화를 보고 성연이가 생각한 수가 될 수 있는 자연수 중에서 가장 큰 수를 말해 보세요.

( )

반올림 알아보기

이름 :
날짜 :
시간 : : ~ :

수를 반올림하여 나타내기 ①

★ 반올림하여 십의 자리까지 나타내어 보세요.

1 37 ⇨ [4]0

구하려는 자리 바로 아래 자리의 숫자가 0, 1, 2, 3, 4이면 버리고, 5, 6, 7, 8, 9이면 올려서 나타내는 방법을 반올림이라고 합니다.

반올림하여 십의 자리까지 나타내면
37 ⇨ 40

2 64 ⇨ (　　　　)

3 216 ⇨ (　　　　)

4 573 ⇨ (　　　　)

★ 반올림하여 백의 자리까지 나타내어 보세요.

5 320 ⇨ [3]00

6 885 ⇨ (　　　　)

7 4141 ⇨ (　　　　)

8 6557 ⇨ (　　　　)

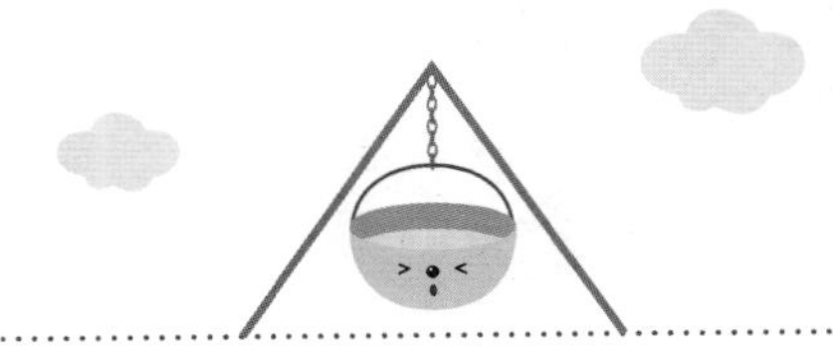

★ 반올림하여 천의 자리까지 나타내어 보세요.

9 2508 ⇨ [3]000

10 8092 ⇨ (　　　　　　　　)

11 21850 ⇨ (　　　　　　　　)

12 67327 ⇨ (　　　　　　　　)

★ 반올림하여 만의 자리까지 나타내어 보세요.

13 34000 ⇨ [3]0000

14 46800 ⇨ (　　　　　　　　)

15 59734 ⇨ (　　　　　　　　)

16 71465 ⇨ (　　　　　　　　)

반올림 알아보기

이름 :	
날짜 :	
시간 :	: ~ :

수를 반올림하여 나타내기 ②

★ 반올림하여 소수 첫째 자리까지 나타내어 보세요.

1 2.27 ⇨ 2 . 3

2 3.43 ⇨ (　　　　　　　)

3 6.56 ⇨ (　　　　　　　)

4 7.81 ⇨ (　　　　　　　)

5 1.941 ⇨ 1 . 9

6 4.185 ⇨ (　　　　　　　)

7 5.354 ⇨ (　　　　　　　)

8 8.708 ⇨ (　　　　　　　)

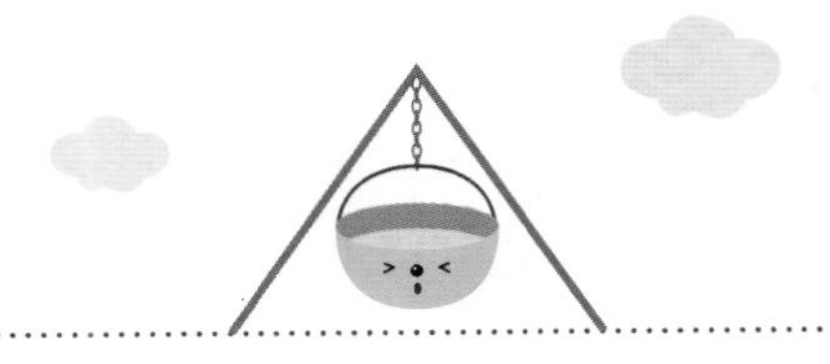

★ 반올림하여 소수 둘째 자리까지 나타내어 보세요.

9 2.072 ⇨ 2 . 0 7

10 3.719 ⇨ (   )

11 6.263 ⇨ (   )

12 7.637 ⇨ (   )

13 31.956 ⇨ 3 1 . 9 6

14 54.121 ⇨ (   )

15 76.544 ⇨ (   )

16 98.005 ⇨ (   )

반올림 알아보기

이름 :
날짜 :
시간 : : ~ :

수를 반올림하여 나타내기 ③

★ 반올림하여 주어진 자리까지 나타내어 보세요.

1 679

십의 자리 ⇨ ( )
백의 자리 ⇨ ( )

2 1803

십의 자리 ⇨ ( )
백의 자리 ⇨ ( )

3 9540

백의 자리 ⇨ ( )
천의 자리 ⇨ ( )

4 19800

천의 자리 ⇨ ( )
만의 자리 ⇨ ( )

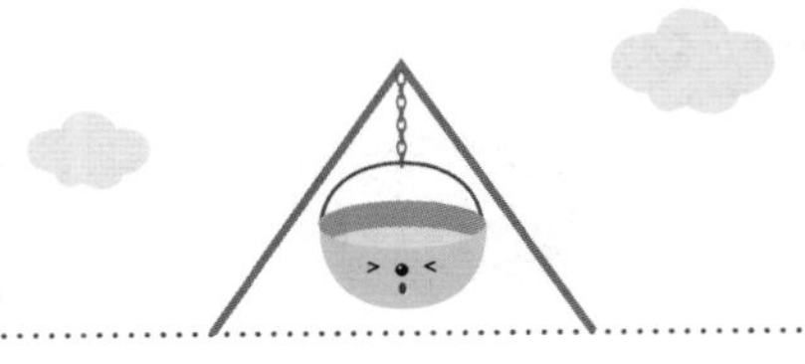

★ 반올림하여 주어진 자리까지 나타내어 보세요.

5 0.362

소수 첫째 자리 ⇨ (　　　　　　　　　　)
소수 둘째 자리 ⇨ (　　　　　　　　　　)

6 4.709

소수 첫째 자리 ⇨ (　　　　　　　　　　)
소수 둘째 자리 ⇨ (　　　　　　　　　　)

7 6.585

소수 첫째 자리 ⇨ (　　　　　　　　　　)
소수 둘째 자리 ⇨ (　　　　　　　　　　)

8 49.174

소수 첫째 자리 ⇨ (　　　　　　　　　　)
소수 둘째 자리 ⇨ (　　　　　　　　　　)

반올림 알아보기

이름 :
날짜 :
시간 : : ~ :

어림한 수의 크기 비교하기

★ 어림한 수의 크기를 비교하여 ○ 안에 >, =, <를 알맞게 써넣으세요.

1 486을 반올림하여 십의 자리까지 나타낸 수 ⇨ ☐ ○ 450을 반올림하여 백의 자리까지 나타낸 수 ⇨ ☐

2 3602를 반올림하여 백의 자리까지 나타낸 수 ⇨ ☐ ○ 3598을 반올림하여 십의 자리까지 나타낸 수 ⇨ ☐

3 5432를 반올림하여 천의 자리까지 나타낸 수 ⇨ ☐ ○ 5214를 반올림하여 백의 자리까지 나타낸 수 ⇨ ☐

4 40700을 반올림하여 천의 자리까지 나타낸 수 ⇨ ☐ ○ 43950을 반올림하여 만의 자리까지 나타낸 수 ⇨ ☐

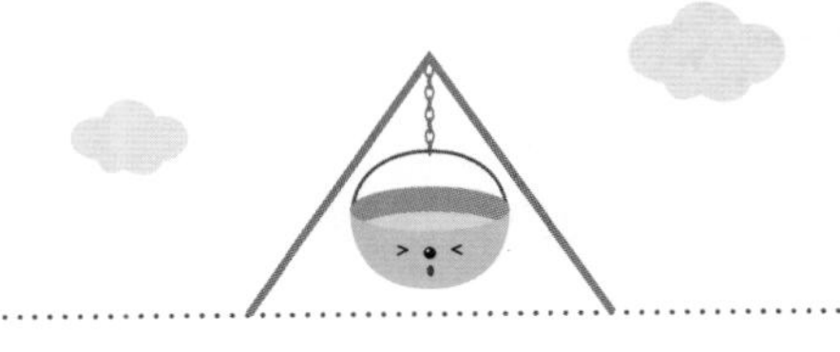

★ 어림한 수의 크기를 비교하여 ○ 안에 ＞, ＝, ＜를 알맞게 써넣으세요.

5 0.32를 반올림하여 소수 첫째 자리까지 나타낸 수 ⇨ ☐ ○ 0.25를 반올림하여 소수 첫째 자리까지 나타낸 수 ⇨ ☐

6 9.364를 반올림하여 소수 첫째 자리까지 나타낸 수 ⇨ ☐ ○ 9.305를 반올림하여 소수 첫째 자리까지 나타낸 수 ⇨ ☐

7 4.714를 반올림하여 소수 둘째 자리까지 나타낸 수 ⇨ ☐ ○ 4.73을 반올림하여 소수 첫째 자리까지 나타낸 수 ⇨ ☐

8 2.189를 반올림하여 소수 둘째 자리까지 나타낸 수 ⇨ ☐ ○ 2.207을 반올림하여 소수 둘째 자리까지 나타낸 수 ⇨ ☐

반올림 알아보기

이름 :
날짜 :
시간 : : ~ :

반올림 활용하기

1 성민이네 반 학생들의 악력 기록을 조사하여 나타낸 표입니다. 악력 기록을 반올림하여 일의 자리까지 나타내어 보세요.

성민이네 반 학생들의 악력 기록

이름	성민	민재	시우	재민	주연
악력(kg)	17.5	21.0	19.3	18.5	20.8
반올림한 악력(kg)					

2 반올림하여 천의 자리까지 나타낼 때 나머지 넷과 다른 것을 찾아 ○표 하세요.

3591 4107 3900 3460 4001

3 반올림하여 십의 자리까지 나타내면 5700이 되는 수를 모두 찾아 ○표 하세요.

5699 5709 5650 5694 5703

4 5367을 반올림하여 천의 자리까지 나타낸 수와 반올림하여 십의 자리까지 나타낸 수의 차는 얼마인가요?

( )

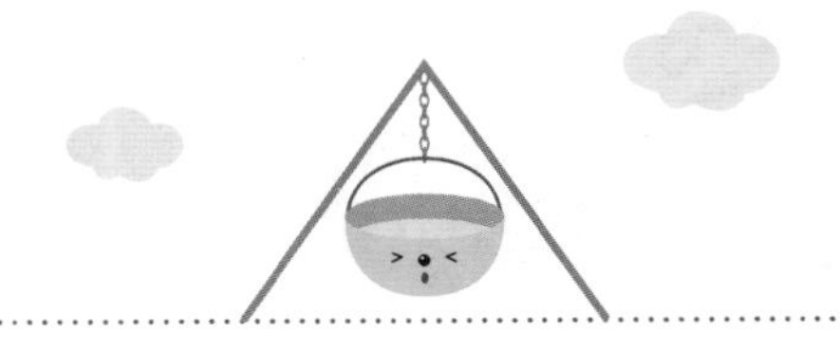

5 □ 안에 들어갈 수 있는 일의 자리 숫자를 모두 써 보세요.

(　　　　　　　　　　)

6 직사각형의 둘레는 몇 cm인지 구한 다음, 반올림하여 일의 자리까지 나타내어 보세요.

(　　　　　　　　　　) cm

7 3일 동안 야구장에 입장한 관람객의 수입니다. 3일 동안 입장한 관람객의 수를 모두 더한 다음, 반올림하여 천의 자리까지 나타내어 보세요.

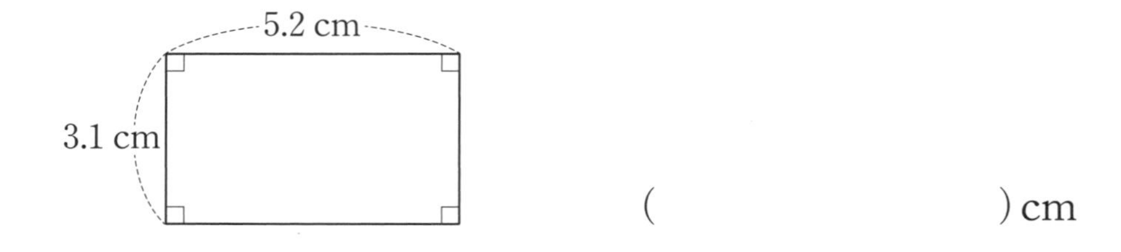

일 차	1일 차	2일 차	3일 차
관람객 수(명)	18344	20103	21531

(　　　　　　　　　　)명

이름 :
날짜 :
시간 : : ~ :

문제 해결하기

올림, 버림, 반올림을 활용하여 문제 해결하기 ①

1 수를 올림, 버림, 반올림하여 백의 자리까지 나타내어 보세요.

수	올림	버림	반올림
8960			

2 수를 올림, 버림, 반올림하여 천의 자리까지 나타내어 보세요.

수	올림	버림	반올림
55050			

3 수를 올림, 버림, 반올림하여 소수 첫째 자리까지 나타내어 보세요.

수	올림	버림	반올림
14.35			

4 수를 올림, 버림, 반올림하여 소수 둘째 자리까지 나타내어 보세요.

수	올림	버림	반올림
26.923			

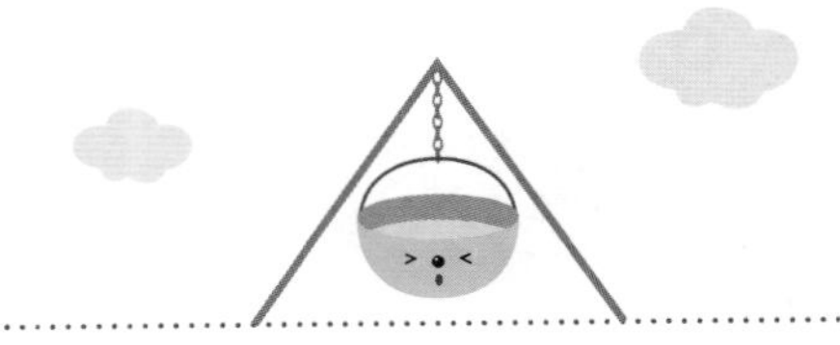

★ 어림한 수의 크기를 비교하여 ○ 안에 >, =, <를 알맞게 써넣으세요.

5 4305를 올림하여 백의 자리까지 나타낸 수 ⇨ □ ○ 4930을 버림하여 천의 자리까지 나타낸 수 ⇨ □

6 7604를 반올림하여 십의 자리까지 나타낸 수 ⇨ □ ○ 7600을 올림하여 백의 자리까지 나타낸 수 ⇨ □

7 9090을 버림하여 백의 자리까지 나타낸 수 ⇨ □ ○ 9060을 반올림하여 백의 자리까지 나타낸 수 ⇨ □

8 2372를 반올림하여 천의 자리까지 나타낸 수 ⇨ □ ○ 2002를 올림하여 십의 자리까지 나타낸 수 ⇨ □

문제 해결하기

이름 :

날짜 :

시간 : : ~ :

올림, 버림, 반올림을 활용하여 문제 해결하기 ②

1 사과 245상자를 트럭에 모두 실으려고 합니다. 트럭 한 대에 100상자씩 실을 수 있을 때 트럭은 최소 몇 대가 필요한지 알아보세요.

(1) 트럭은 최소 몇 대가 필요한지 알아보려면 올림, 버림, 반올림 중 어떤 방법으로 어림해야 좋을까요?

( )

(2) 트럭은 최소 몇 대가 필요한가요?

( )대

2 공장에서 과자를 2523봉지 만들었습니다. 한 상자에 10봉지씩 담아서 판다면 과자는 최대 몇 상자까지 팔 수 있는지 알아보세요.

(1) 과자는 최대 몇 상자까지 팔 수 있는지 알아보려면 올림, 버림, 반올림 중 어떤 방법으로 어림해야 좋을까요?

( )

(2) 과자는 최대 몇 상자까지 팔 수 있나요?

( )상자

3 시원이는 서점에서 13200원짜리 동화책을 한 권 샀습니다. 1000원짜리 지폐로만 책값을 낸다면 최소 얼마를 내야 하는지 알아보세요.

(1) 최소 얼마를 내야 하는지 알아보려면 올림, 버림, 반올림 중 어떤 방법으로 어림해야 좋을까요?

( )

(2) 최소 얼마를 내야 하나요?

( )원

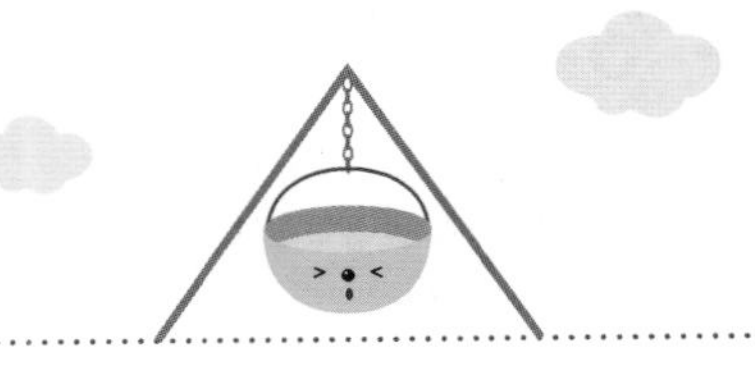

4 학생 건강 체력 평가에 참여한 학생은 모두 203명입니다. 공책을 묶음으로 산 후, 학생들에게 모두 한 권씩 나눠 주려고 합니다. 공책을 최소 몇 권 사야 하는지 알아보세요.

(1) 공책을 10권씩 묶음으로 산다면 최소 몇 권을 사야 하나요?

( )권

(2) 공책을 100권씩 묶음으로 산다면 최소 몇 권을 사야 하나요?

( )권

5 탁구공 657개를 한 상자에 10개씩 또는 100개씩 담으려고 합니다. 상자에 담을 수 있는 탁구공은 최대 몇 개인지 알아보세요.

(1) 탁구공을 한 상자에 10개씩 담는다면 최대 몇 개까지 담을 수 있나요?

( )개

(2) 탁구공을 한 상자에 100개씩 담는다면 최대 몇 개까지 담을 수 있나요?

( )개

6 하루 동안 농구장에 입장한 관람객의 수가 3892명입니다. 하루 동안 입장한 관람객의 수를 어림하여 보세요.

(1) 하루 동안 입장한 관람객의 수는 약 몇십 명이라고 할 수 있는지 반올림하여 십의 자리까지 나타내어 보세요.

약 ( )명

(2) 하루 동안 입장한 관람객의 수는 약 몇백 명이라고 할 수 있는지 반올림하여 백의 자리까지 나타내어 보세요.

약 ( )명

문제 해결하기

이름 :
날짜 :
시간 :   :   ~   :

올림, 버림, 반올림을 활용하여 문제 해결하기 ③

1 훈이는 52000원짜리 운동화를 한 개 사려고 합니다. 10000원짜리 지폐로만 운동화값을 낸다면 최소 얼마를 내야 하나요?

(   )원

2 등산객 253명이 전망대에 오르려고 케이블카 앞에 줄을 서 있습니다. 케이블카 한 대에 탈 수 있는 정원이 10명일 때 케이블카를 최소 몇 번 운행해야 하나요?

(   )번

3 종희네 반 학생들이 이웃 돕기를 하려고 동전을 모았습니다. 모은 동전이 23450원일 때 모은 동전을 1000원짜리 지폐로 바꾼다면 최대 얼마까지 바꿀 수 있나요?

(   )원

4 하루 동안 축구장에 입장한 관람객의 수는 21385명입니다. 하루 동안 입장한 관람객의 수는 약 몇천 명인지 반올림하여 천의 자리까지 나타내어 보세요.

약 (   )명

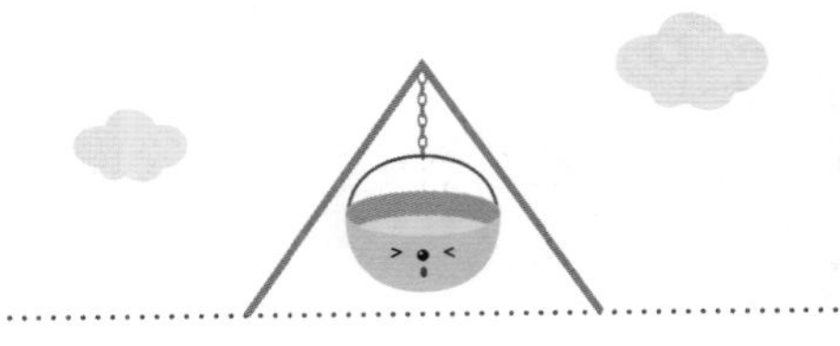

5 재준이네 학교의 5학년 학생 수는 163명입니다. 강당에 5학년 학생이 모두 앉으려면 10명씩 앉을 수 있는 긴 의자가 최소 몇 개 필요한가요?

( )개

6 선물 상자 1개를 포장하는 데 끈 1 m가 필요합니다. 끈 875 cm로는 선물 상자를 최대 몇 개까지 포장할 수 있나요?

( )개

7 상자에 들어 있는 낱개 모형은 2318개입니다. 이 낱개 모형을 천 모형으로 바꾼다면 최대 몇 개까지 바꿀 수 있나요?

( )개

8 어느 도시의 인구는 534628명이라고 합니다. 이 도시의 인구는 약 몇만 명인지 반올림하여 만의 자리까지 나타내어 보세요.

약 ( )명

문제 해결하기

이름 :
날짜 :
시간 : : ~ :

올림, 버림, 반올림을 활용하여 문제 해결하기 ④

1 올림하여 백의 자리까지 나타내었을 때 800이 되는 자연수 중에서 가장 작은 수와 가장 큰 수를 각각 구해 보세요.

가장 작은 수 ( )
가장 큰 수 ( )

2 버림하여 백의 자리까지 나타내었을 때 700이 되는 자연수 중에서 가장 작은 수와 가장 큰 수를 각각 구해 보세요.

가장 작은 수 ( )
가장 큰 수 ( )

3 반올림하여 백의 자리까지 나타내었을 때 600이 되는 자연수 중에서 가장 작은 수와 가장 큰 수를 각각 구해 보세요.

가장 작은 수 ( )
가장 큰 수 ( )

4 반올림하여 천의 자리까지 나타내었을 때 5000이 되는 자연수 중에서 가장 작은 수와 가장 큰 수를 각각 구해 보세요.

가장 작은 수 ( )
가장 큰 수 ( )

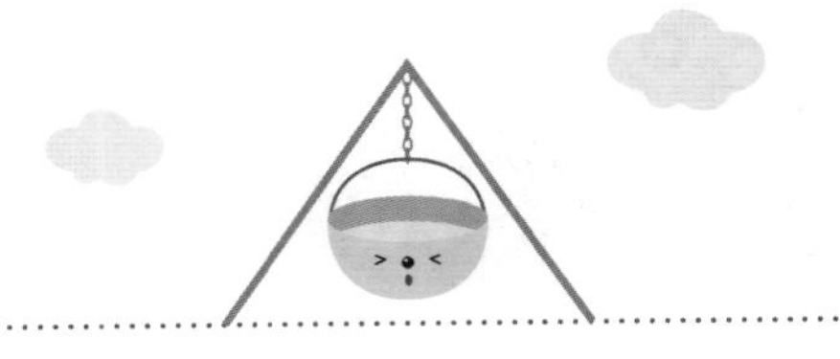

5 어떤 수를 반올림하여 십의 자리까지 나타내었더니 50이 되었습니다. □ 안에 알맞은 수를 써넣으세요.

> 어떤 수가 될 수 있는 수의 범위를 이상과 미만을 이용하여 나타내면 □ 이상 □ 미만입니다.

6 어떤 수를 반올림하여 십의 자리까지 나타내었더니 710이 되었습니다. □ 안에 알맞은 수를 써넣으세요.

> 어떤 수가 될 수 있는 수의 범위를 이상과 미만을 이용하여 나타내면 □ 이상 □ 미만입니다.

7 어떤 수를 반올림하여 백의 자리까지 나타내었더니 300이 되었습니다. □ 안에 알맞은 수를 써넣으세요.

> 어떤 수가 될 수 있는 수의 범위를 이상과 미만을 이용하여 나타내면 □ 이상 □ 미만입니다.

문제 해결하기

이름 :

날짜 :

시간 : : ~ :

올림, 버림, 반올림을 활용하여 문제 해결하기 ⑤

1 어떤 수를 반올림하여 십의 자리까지 나타내었더니 430이 되었습니다. 어떤 수가 될 수 있는 수의 범위를 이상과 미만을 이용하여 나타내어 보세요.

( ) 이상 ( ) 미만

2 어떤 수를 반올림하여 백의 자리까지 나타내었더니 500이 되었습니다. 어떤 수가 될 수 있는 수의 범위를 이상과 미만을 이용하여 나타내어 보세요.

( ) 이상 ( ) 미만

3 어떤 수를 반올림하여 십의 자리까지 나타내었더니 880이 되었습니다. 어떤 수가 될 수 있는 수의 범위를 수직선에 나타내어 보세요.

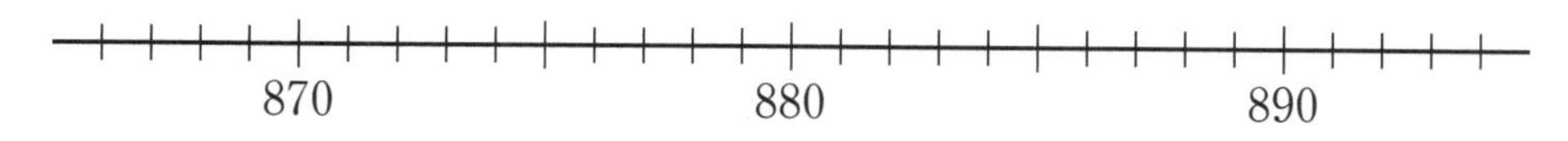

4 어떤 수를 반올림하여 백의 자리까지 나타내었더니 900이 되었습니다. 어떤 수가 될 수 있는 수의 범위를 수직선에 나타내어 보세요.

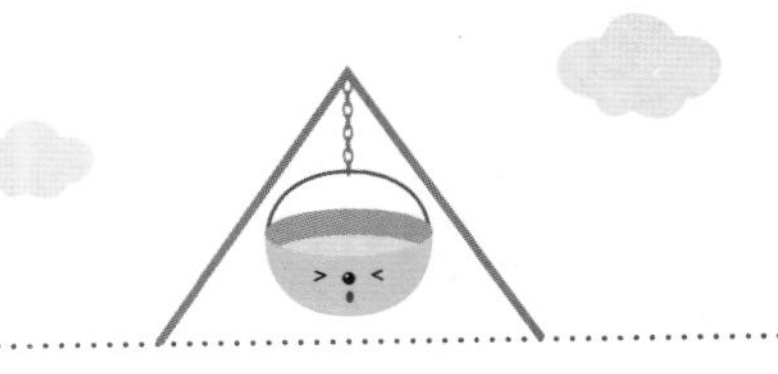

5 올림으로 어림한 친구를 찾아 이름을 써 보세요.

진아: 35.6 kg인 내 몸무게를 1 kg 단위로 가까운 쪽의 눈금을 읽으면 36 kg이야.
소은: 마트에서 12456원짜리 고기를 사고 12450원만 계산했어.
현아: 자판기에서 900원짜리 음료수를 뽑을 때 1000원짜리 지폐를 넣었어.

( )

6 동전을 모은 저금통을 열어서 세어 보니 모두 19850원이었습니다. 이 돈을 어림했더니 20000원이 되었습니다. 어떻게 어림했는지 '올림, 버림, 반올림'을 이용하여 두 가지 방법으로 설명해 보세요.

방법 1	방법 2

이제 수의 범위와 어림하기에 대한 문제는 걱정 없지요? 혹시 아쉬운 부분이 있다면 그 부분만 좀 더 복습하세요. 수고하셨습니다.

16과정 | 수의 범위/어림하기

이름	
실시 연월일	년 월 일
걸린 시간	분 초
오답 수	/ 20

기초부터 탄탄하게 기탄교육

[1~6] 수를 보고 물음에 답하세요.

96　97　98　99　100　101　102　103

1 100 이상인 수를 모두 써 보세요.

(　　　　　　　　　　)

2 99 이하인 수를 모두 써 보세요.

(　　　　　　　　　　)

3 99 초과인 수를 모두 써 보세요.

(　　　　　　　　　　)

4 100 미만인 수를 모두 써 보세요.

(　　　　　　　　　　)

5 99 이상 100 이하인 수를 모두 써 보세요.

(　　　　　　　　　　)

6 98 초과 101 미만인 수를 모두 써 보세요.

(　　　　　　　　　　)

[7~9] 수직선에 나타낸 수의 범위를 써 보세요.

7

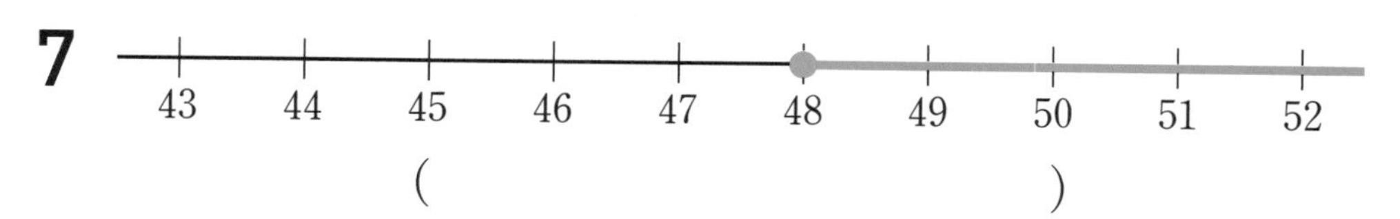

(   )

8

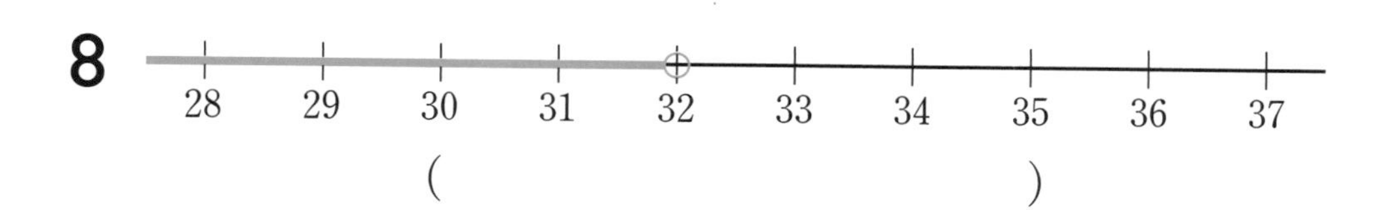

(   )

9

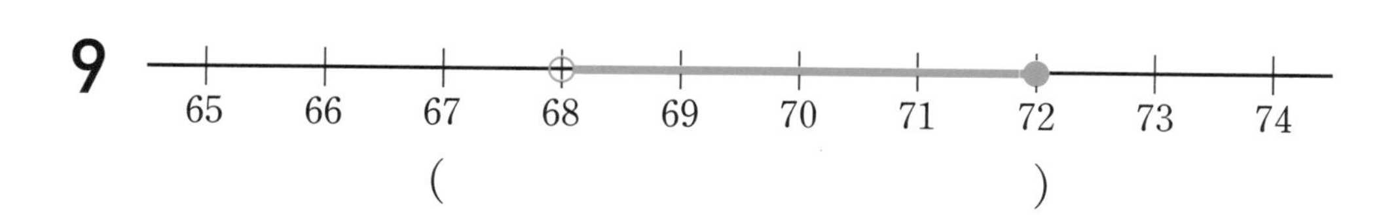

(   )

[10~12] 수직선에 나타내어 보세요.

10 42 이하인 수

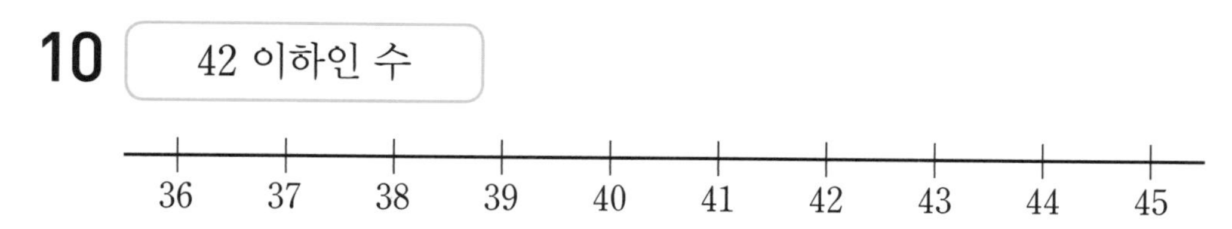

11 54 초과인 수

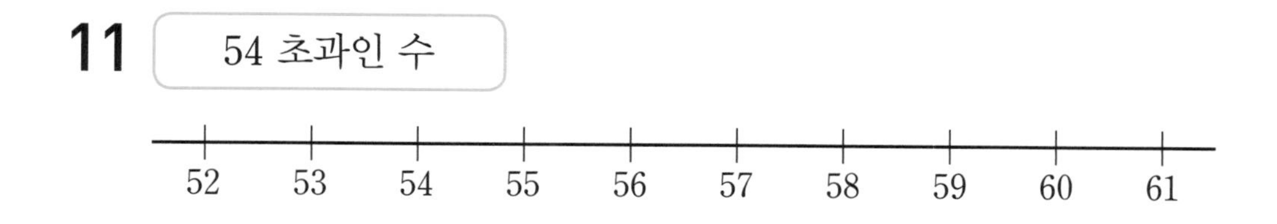

12 81 이상 85 미만인 수

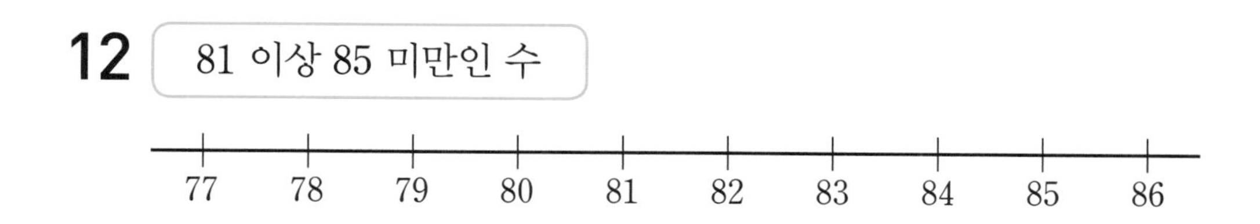

13 올림하여 주어진 자리까지 나타내어 보세요.

6537

십의 자리 ⇨ (　　　　　　　　　　)
백의 자리 ⇨ (　　　　　　　　　　)

14 버림하여 주어진 자리까지 나타내어 보세요.

2419

십의 자리 ⇨ (　　　　　　　　　　)
백의 자리 ⇨ (　　　　　　　　　　)

15 반올림하여 주어진 자리까지 나타내어 보세요.

8026

십의 자리 ⇨ (　　　　　　　　　　)
백의 자리 ⇨ (　　　　　　　　　　)

16 클립의 길이를 반올림하여 일의 자리까지 나타내어 보세요.

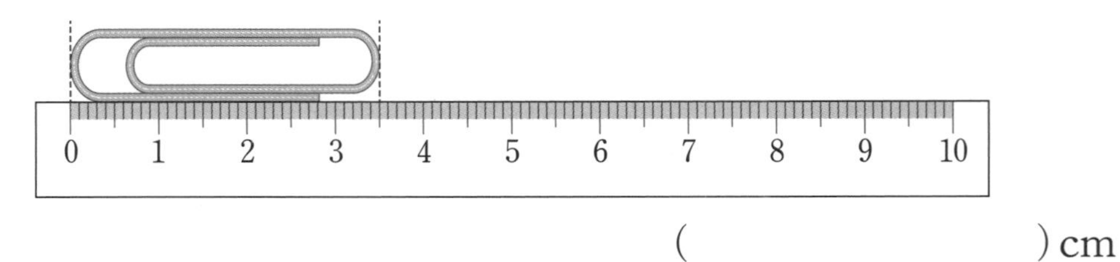

(　　　　　　　　　　) cm

17 수를 올림, 버림, 반올림하여 소수 첫째 자리까지 나타내어 보세요.

수	올림	버림	반올림
19.15			

18 학생 123명이 모두 보트를 타려고 합니다. 보트 한 척에 학생이 최대 10명까지 탈 수 있다면 보트는 최소 몇 번 운행해야 하나요?

( )번

19 경태는 동전을 모은 저금통을 열어서 세어 보니 모두 26350원이었습니다. 이것을 1000원짜리 지폐로 바꾼다면 최대 얼마까지 바꿀 수 있나요?

( )원

20 반올림하여 십의 자리까지 나타내면 850이 되는 자연수 중에서 가장 작은 수와 가장 큰 수를 각각 구해 보세요.

가장 작은 수 ( )
가장 큰 수 ( )

성취도 테스트 결과표

16과정 | 수의 범위/어림하기

번호	평가 요소	평가 내용	결과(O, X)	관련 내용
1	이상과 이하 알아보기	이상인 수를 찾을 수 있는지 확인하는 문제입니다.		1a
2		이하인 수를 찾을 수 있는지 확인하는 문제입니다.		2a
3	초과와 미만 알아보기	초과인 수를 찾을 수 있는지 확인하는 문제입니다.		7a
4		미만인 수를 찾을 수 있는지 확인하는 문제입니다.		8a
5	문제 해결하기	■ 이상 ● 이하인 수를 찾을 수 있는지 확인하는 문제입니다.		13a
6		■ 초과 ● 미만인 수를 찾을 수 있는지 확인하는 문제입니다.		13a
7	이상과 이하 알아보기	수직선에 나타낸 수의 범위를 이상을 써서 표현할 수 있는지 확인하는 문제입니다.		3a
8	초과와 미만 알아보기	수직선에 나타낸 수의 범위를 미만을 써서 표현할 수 있는지 확인하는 문제입니다.		9b
9	문제 해결하기	수직선에 나타낸 수의 범위를 초과와 이하를 써서 표현할 수 있는지 확인하는 문제입니다.		16a
10	이상과 이하 알아보기	■ 이하인 수를 수직선에 나타낼 수 있는지 확인하는 문제입니다.		4b
11	초과와 미만 알아보기	■ 초과인 수를 수직선에 나타낼 수 있는지 확인하는 문제입니다.		10a
12	문제 해결하기	■ 이상 ● 미만인 수를 수직선에 나타낼 수 있는지 확인하는 문제입니다.		17a
13	올림 알아보기	올림하여 주어진 자리까지 나타낼 수 있는지 확인하는 문제입니다.		23a
14	버림 알아보기	버림하여 주어진 자리까지 나타낼 수 있는지 확인하는 문제입니다.		28a
15	반올림 알아보기	반올림하여 주어진 자리까지 나타낼 수 있는지 확인하는 문제입니다.		33a
16		클립의 길이를 반올림하여 일의 자리까지 나타낼 수 있는지 확인하는 문제입니다.		35a
17	문제 해결하기	수를 올림, 버림, 반올림하여 소수 첫째 자리까지 나타낼 수 있는지 확인하는 문제입니다.		36a
18		올림, 버림, 반올림 중 적당한 방법으로 어림하여 문제를 해결할 수 있는지 확인하는 문제입니다.		37a
19				37a
20		반올림하여 나타낸 수의 범위를 알고 있는지 확인하는 문제입니다.		39a

평가	□ A등급(매우 잘함)	□ B등급(잘함)	□ C등급(보통)	□ D등급(부족함)
오답 수	0~2	3~4	5~6	7~

- A, B등급: 다음 교재를 시작하세요.
- C등급: 틀린 부분을 다시 한번 더 공부한 후, 다음 교재를 시작하세요.
- D등급: 본 교재를 다시 구입하여 복습한 후, 다음 교재를 시작하세요.

16과정 정답과 풀이

1ab

1 (1) 현호, 수일, 민수
(2) 30, 31, 32
2 (1) 기호, 소정, 인태
(2) 40, 45, 50
3 284, 198, 310
4 46.0, 50.3, 46.4, 48.6
5 48, 70, 45, 55에 ○표

2ab

1 (1) 수지, 도영, 윤지
(2) 18, 19, 20
2 (1) 민성, 동원, 지훈
(2) 70, 69, 67
3 118, 100, 126, 122
4 10.0, 8.9, 9.0, 9.5
5 25, 50, 30, 46에 △표

3ab

1 이상 2 이상
3 90 이상인 수 4 52 이상인 수
5 이하 6 이하
7 25 이하인 수 8 62 이하인 수

4ab

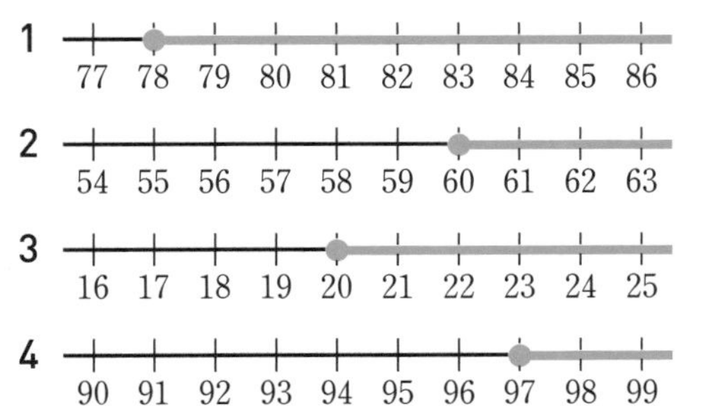

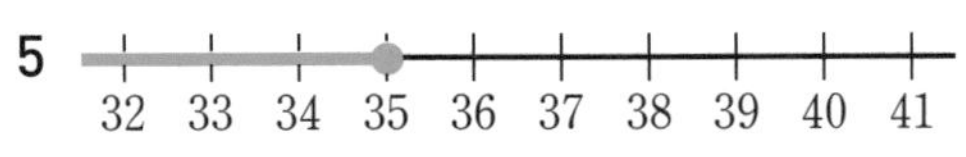

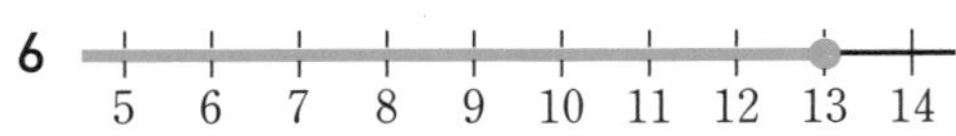

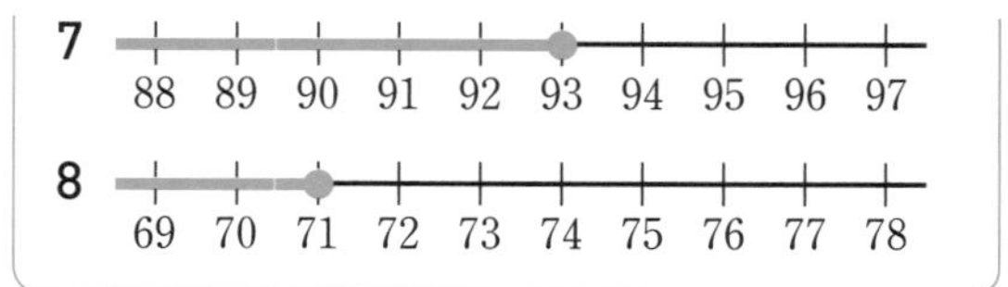

5ab

1 (1) 158.0, 145.0, 150.0, 162.4
(2) 145.0, 134.1, 143.6
(3) 158.0, 150.0, 162.4
(4) 145.0, 134.1, 150.0, 143.6
2 60, 61, 62, 63에 ○표 /
57, 58, 59, 60에 △표
3 53, 72, 63에 ○표 /
10, 29, 36에 △표
4 22 이상인 수
5 89 이하인 수
6 64 65 66 67 68 69 70 71 72 73
7 46 47 48 49 50 51 52 53 54 55

6ab

1 (1) 독일, 미국, 캐나다
(2) 대한민국, 스웨덴, 일본
2 예빈, 태영, 경태
3 (1) 19
(2) 할머니, 아버지, 어머니, 할아버지
4 95 96 97 98 99 100 101 102 103 104

7ab

1 (1) 초록색, 검은색, 보라색
(2) 8, 9, 10
2 (1) 찬우, 민영
(2) 100, 96
3 133, 132, 134
4 76.5, 75.5, 78.1
5 64, 60, 54에 ○표

※정답과 풀이는 따로 보관하고 있다가 채점할 때 사용해 주세요.

8ab

1 (1) 우영, 수혁
(2) 15, 16
2 (1) 유미, 이랑, 지우
(2) 18, 20, 24
3 310, 290, 395
4 19.0, 18.9, 18.5
5 43, 15, 40에 △표

9ab

1 초과　2 초과
3 82 초과인 수　4 71 초과인 수
5 미만　6 미만
7 13 미만인 수　8 59 미만인 수

10ab

1 15 16 17 18 19 20 21 22 23 24
2 59 60 61 62 63 64 65 66 67 68
3 30 31 32 33 34 35 36 37 38 39
4 73 74 75 76 77 78 79 80 81 82
5 47 48 49 50 51 52 53 54 55 56
6 22 23 24 25 26 27 28 29 30 31
7 86 87 88 89 90 91 92 93 94 95
8 64 65 66 67 68 69 70 71 72 73

11ab

1 (1) 149.4, 160.0, 129.7, 308.4
(2) 46.1
(3) 308.4
(4) 46.1, 149.4, 109.0, 129.7
2 91, 92, 93에 ○표 /
87, 88, 89에 △표
3 84, 98에 ○표 / 42, 35에 △표
4 39 초과인 수
5 88 미만인 수
6 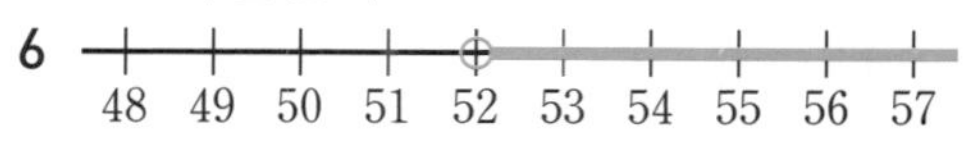

7 74 75 76 77 78 79 80 81 82 83

12ab

1 나
2 ㉠, ㉢, ㉣, ㉤
3 (1) 6　(2) 예슬, 성은
4 16 17 18 19 20 21 22 23 24 25

13ab

1 8, 9, 10, 11, 12
2 7, 8, 9, 10, 11
3 8, 9, 10, 11
4 9, 10, 11, 12
5 7, 8, 9, 10
6 9, 10
7 68, 69, 70, 71, 72
8 67, 68, 69, 70, 71
9 68, 69, 70, 71
10 69, 70, 71, 72
11 67, 68, 69, 70
12 69, 70

14ab

1 (1) 20, 21, 22
(2) 22, 23, 24
2 (1) 270, 180, 210
(2) 270, 480, 320
3 (1) 5.3, 6.5
(2) 7.2, 8.8

4 (1) 140.0, 139.2, 140.8
(2) 140.0, 138.0, 139.2, 135.0

15ab

1 18, 19, 20, 21에 ○표
2 45, 46, 47에 ○표
3 67, 68, 69, 70에 ○표
4 78, 79, 80, 81에 ○표
5 67, 49, 51, 70에 ○표
6 41, 38, 52에 ○표
7 47, 54, 66, 31에 ○표
8 83, 94, 68, 76에 ○표

〈풀이〉

1 18 이상 21 이하인 수는 18과 같거나 크고 21과 같거나 작은 수이므로 18, 19, 20, 21입니다.

2 44 초과 48 미만인 수는 44보다 크고 48보다 작은 수이므로 45, 46, 47입니다.

3 67 이상 71 미만인 수는 67과 같거나 크고 71보다 작은 수이므로 67, 68, 69, 70입니다.

4 77 초과 81 이하인 수는 77보다 크고 81과 같거나 작은 수이므로 78, 79, 80, 81입니다.

16ab

1 이상, 이하 2 초과, 미만
3 이상, 미만 4 초과, 이하
5 66 초과 68 이하인 수
6 26 이상 29 이하인 수
7 36 초과 42 미만인 수
8 79 이상 84 미만인 수

〈풀이〉

1 47과 51이 모두 ●로 나타내져 있고, 두 점 사이를 선으로 이었으므로 47 이상 51 이하인 수입니다.

2 91과 95가 모두 ○로 나타내져 있고, 두 점 사이를 선으로 이었으므로 91 초과 95 미만인 수입니다.

3 16은 ●로, 20은 ○로 나타내져 있고, 두 점 사이를 선으로 이었으므로 16 이상 20 미만인 수입니다.

4 58은 ○로, 66은 ●로 나타내져 있고, 두 점 사이를 선으로 이었으므로 58 초과 66 이하인 수입니다.

17ab

1
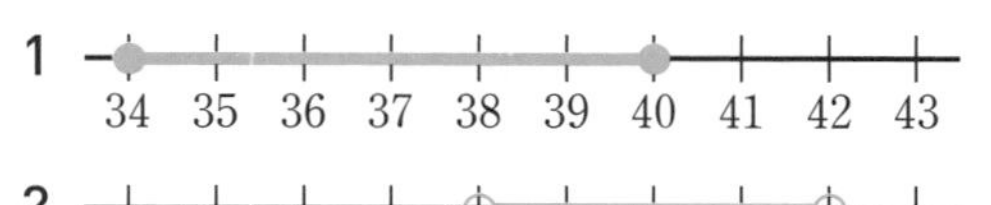

2 21 22 23 24 25 26 27 28 29 30

3 72 73 74 75 76 77 78 79 80 81

4 67 68 69 70 71 72 73 74 75 76

5 19 20 21 22 23 24 25 26 27 28

6 89 90 91 92 93 94 95 96 97 98

7 45 46 47 48 49 50 51 52 53 54

8 58 59 60 61 62 63 64 65 66 67

〈풀이〉

1 34와 40을 모두 ●로 나타낸 다음, 두 점 사이를 선으로 잇습니다.

2 25와 29를 모두 ○로 나타낸 다음, 두 점 사이를 선으로 잇습니다.

3 73을 ●로, 77을 ○로 나타낸 다음, 두 점 사이를 선으로 잇습니다.

4 70을 ○로, 74를 ●로 나타낸 다음, 두 점 사이를 선으로 잇습니다.

18ab

1 밴텀급
2 32 kg 초과 34 kg 이하
3 (수직선: 30, 40)
4 30 kg 초과 32 kg 이하
5 32.7, 33.1
6 (수직선: 30, 40)

19ab

1 22회 이상 39회 이하
2 이수, 은성
3 (수직선: 20, 30, 40)
4 23회 이상 44회 이하
5 은희, 다은
6 (수직선: 40, 50, 60)

20ab

1 (1) 55, 56 (2) 71, 72
2 (위에서부터) 대전 / 서울, 광주 / 울산 / 부산 / 제주
3 (위에서부터) 동생 / 진영 / 오빠 / 아버지, 어머니 / 할머니
4 15000

〈풀이〉

1 (1) 51 이상 56 이하인 자연수
⇨ 51, 52, 53, 54, 55, 56
54 초과 59 미만인 자연수
⇨ 55, 56, 57, 58
공통으로 속하는 자연수: 55, 56
(2) 66 초과 72 이하인 자연수
⇨ 67, 68, 69, 70, 71, 72
71 이상 77 미만인 자연수
⇨ 71, 72, 73, 74, 75, 76
공통으로 속하는 자연수: 71, 72

4 진영이는 어린이 요금으로 2000원, 오빠는 청소년 요금으로 3000원, 아버지와 어머니는 어른 요금으로 각각 5000원씩 내고 할머니와 동생은 무료이므로 입장료는 모두 15000원입니다.

21ab

1 5　2 90　3 460
4 730　5 3　6 700
7 3900　8 5400　9 2
10 8000　11 33000　12 61000
13 3　14 50000　15 60000
16 80000

〈풀이〉

5 백의 자리 아래 수인 67을 100으로 보고 올림하면 300입니다.

9 천의 자리 아래 수인 592를 1000으로 보고 올림하면 2000입니다.

13 만의 자리 아래 수인 3000을 10000으로 보고 올림하면 30000입니다.

22ab

1 1, 5　2 3.2　3 5.8
4 7.7　5 2, 4　6 4.3
7 6.9　8 9.6　9 3, 3, 2
10 5.66　11 7.84　12 8.27
13 1, 0, 5, 3　14 29.75
15 41.49　16 86.91

23ab

1 860, 900　2 6130, 6200
3 3000, 3000　4 18000, 20000
5 0.2, 0.15　6 5.9, 5.83
7 9.3, 9.26　8 73.7, 73.68

24ab

1 600, =, 600　2 4200, >, 4160
3 9000, <, 9100　4 79000, <, 80000
5 0.5, <, 0.6　6 4.8, =, 4.8
7 7.14, >, 7.1　8 6.36, =, 6.36

25ab

1 46, 51, 47, 40, 49
2 6300에 ○표
3 2501, 2599에 ○표
4 100　5 1100
6 5279　7 91

〈풀이〉

4 7891을 올림하여 천의 자리까지 나타내면 8000, 올림하여 백의 자리까지 나타내면 7900입니다. ⇨ 8000−7900=100

5 0, 1, 3, 2의 수 카드 4장으로 만들 수 있는 가장 작은 네 자리 수는 1023이고, 1023을 올림하여 백의 자리까지 나타내면 1100입니다.

6 올림하여 백의 자리까지 나타내면 5300이 된다고 했으므로 올림하기 전의 수는 52■■입니다. 따라서 사물함 자물쇠의 비밀번호는 5279입니다.

7 올림하여 십의 자리까지 나타내면 100이 되는 자연수는 91, 92, ……, 99, 100입니다. 이 중에서 가장 작은 수는 91입니다.

26ab

1 5　2 70　3 390
4 800　5 1　6 500
7 4200　8 8000　9 2
10 6000　11 49000　12 74000
13 1　14 30000　15 50000
16 80000

〈풀이〉

5 백의 자리 아래 수인 36을 0으로 보고 버림하면 100입니다.

9 천의 자리 아래 수인 610을 0으로 보고 버림하면 2000입니다.

13 만의 자리 아래 수인 6000을 0으로 보고 버림하면 10000입니다.

27ab

1 3, 8　2 4.2　3 7.4
4 9.5　5 1, 1　6 5.6
7 6.3　8 8.9　9 2, 7, 3
10 4.19　11 6.36　12 9.67
13 1, 5, 0, 4　14 30.52
15 68.48　16 71.25

28ab

1 410, 400　2 3200, 3200
3 5600, 5000　4 90000, 90000
5 0.7, 0.79　6 4.3, 4.31
7 8.5, 8.56　8 82.9, 82.93

29ab

1 610, >, 600　2 1600, <, 1610
3 7000, =, 7000　4 61000, >, 60000
5 0.8, =, 0.8　6 3.4, >, 3.1
7 5.01, <, 5.1　8 7.92, >, 7.87

30ab

1 76, 74, 78, 73, 75
2 7401에 ○표
3 3392, 3300에 ○표
4 50　5 6000
6 365　7 59

〈풀이〉

4 4758을 버림하여 백의 자리까지 나타내면 4700, 버림하여 십의 자리까지 나타내면 4750입니다. ⇨ 4750−4700=50

5 5, 4, 3, 6의 수 카드 4장으로 만들 수 있는 가장 큰 네 자리 수는 6543이고, 6543을 버림하여 천의 자리까지 나타내면 6000입니다.

6 버림하여 백의 자리까지 나타내면 300이 된다고 했으므로 버림하기 전의 수는 3■■입니다. 따라서 여행 가방의 비밀번호는 365입니다.

7 버림하여 십의 자리까지 나타내면 50이 되는 자연수는 50, 51, ……, 58, 59입니다. 이 중에서 가장 큰 수는 59입니다.

31ab

1 4 2 60 3 220
4 570 5 3 6 900
7 4100 8 6600 9 3
10 8000 11 22000 12 67000
13 3 14 50000 15 60000
16 70000

〈풀이〉

1 일의 자리 숫자가 7이므로 올림하면 40입니다.

5 십의 자리 숫자가 2이므로 버림하면 300입니다.

9 백의 자리 숫자가 5이므로 올림하면 3000입니다.

13 천의 자리 숫자가 4이므로 버림하면 30000입니다.

32ab

1 2, 3 2 3.4 3 6.6
4 7.8 5 1, 9 6 4.2
7 5.4 8 8.7 9 2, 0, 7
10 3.72 11 6.26 12 7.64
13 3, 1, 9, 6 14 54.12
15 76.54 16 98.01

33ab

1 680, 700 2 1800, 1800
3 9500, 10000 4 20000, 20000
5 0.4, 0.36 6 4.7, 4.71
7 6.6, 6.59 8 49.2, 49.17

〈풀이〉

1 • 일의 자리 숫자가 9이므로 올림하면 680입니다.
• 십의 자리 숫자가 7이므로 올림하면 700입니다.

3 • 십의 자리 숫자가 4이므로 버림하면 9500입니다.
• 백의 자리 숫자가 5이므로 올림하면 10000입니다.

5 • 소수 둘째 자리 숫자가 6이므로 올림하면 0.4입니다.
• 소수 셋째 자리 숫자가 2이므로 버림하면 0.36입니다.

34ab

1 490, <, 500 2 3600, =, 3600
3 5000, <, 5200 4 41000, >, 40000
5 0.3, =, 0.3 6 9.4, >, 9.3
7 4.71, >, 4.7 8 2.19, <, 2.21

35ab

1 18, 21, 19, 19, 21
2 3460에 ○표
3 5699, 5703에 ○표
4 370 5 5, 6, 7, 8, 9
6 17 7 60000

〈풀이〉

4 5367을 반올림하여 천의 자리까지 나타내면 5000, 반올림하여 십의 자리까지 나타내면 5370입니다. ⇨ 5370−5000=370

5 주어진 수의 십의 자리 숫자가 7인데 반올림하여 십의 자리까지 나타낸 수는 8080으로 십의 자리 숫자가 8이 되었으므로 일의 자리 숫자가 5, 6, 7, 8, 9 중 하나여야 합니다.

6 둘레: 5.2+3.1+5.2+3.1=16.6 (cm)
따라서 반올림하여 일의 자리까지 나타내면 17 cm입니다.

7 18344+20103+21531=59978(명)
따라서 반올림하여 천의 자리까지 나타내면 60000명입니다.

36ab

1 9000, 8900, 9000
2 56000, 55000, 55000
3 14.4, 14.3, 14.4
4 26.93, 26.92, 26.92
5 4400, >, 4000
6 7600, =, 7600
7 9000, <, 9100
8 2000, <, 2010

37ab

1 (1) 올림 (2) 3
2 (1) 버림 (2) 252
3 (1) 올림 (2) 14000
4 (1) 210 (2) 300
5 (1) 650 (2) 600
6 (1) 3890 (2) 3900

〈풀이〉

1 (1) 남는 상자가 없도록 모두 실으려면 올림의 방법으로 어림해야 좋습니다.
(2) 사과 245상자를 트럭 한 대당 100상자씩 싣는다면 트럭 2대에 100상자씩 싣고 남은 45상자를 실을 트럭 한 대가 더 필요합니다. 따라서 사과 245상자를 트럭에 모두 실으려면 트럭은 최소 3대가 필요합니다.

2 (1) 10봉지가 안 되는 과자는 팔지 못하므로 버림의 방법으로 어림해야 좋습니다.
(2) 공장에서 만든 과자를 한 상자에 10봉지씩 담으면 252상자에 10봉지씩 담고 3봉지가 남습니다. 즉, 상자에 담아서 팔 수 있는 과자는 최대 252상자입니다.

3 (1) 모자라지 않게 내야 하므로 올림의 방법으로 어림해야 좋습니다.
(2) 13200원을 올림하여 천의 자리까지 나타내면 14000원입니다.

38ab

1	60000	2	26
3	23000	4	21000
5	17	6	8
7	2000	8	530000

〈풀이〉

1 모자라지 않게 내야 하므로 올림하여 만의 자리까지 나타내면 최소 60000원을 내야 합니다.

2 케이블카는 한 번에 최대 10명까지 탈 수 있기 때문에 253명을 올림하여 260명이라고 생각해야 합니다. 따라서 케이블카는 최소 26번 운행해야 합니다.

3 450원은 1000원짜리 지폐로 바꿀 수 없으므로 버림하여 최대 23000원까지 바꿀 수 있습니다.

4 백의 자리 숫자가 3이므로 버림하면, 하루 동안 입장한 관람객의 수는 약 21000명입니다.

39ab

1 701, 800 　 2 700, 799
3 550, 649 　 4 4500, 5499
5 45, 55 　 6 705, 715
7 250, 350

〈풀이〉

1 올림하여 백의 자리까지 나타내면 800이 되는 자연수는 701부터 800까지입니다.

2 버림하여 백의 자리까지 나타내면 700이 되는 자연수는 700부터 799까지입니다.

3 반올림하여 백의 자리까지 나타내면 600이 되는 자연수는 550부터 649까지입니다.

4 반올림하여 천의 자리까지 나타내면 5000이 되는 자연수는 4500부터 5499까지입니다.

5 어떤 수를 반올림하여 십의 자리까지 나타낸 수 50은 일의 자리에서 올림하거나 버림하여 만들 수 있습니다.
일의 자리에서 올림하여 어림한 수를 만들었다면 50보다는 작으면서 일의 자리 숫자가 5, 6, 7, 8, 9 중 하나여야 하므로 어떤 수는 45 이상이어야 합니다. 또, 일의 자리에서 버림하여 어림한 수를 만들었다면 50보다는 크면서 일의 자리 숫자가 0, 1, 2, 3, 4 중 하나여야 하므로 어떤 수는 55 미만이어야 합니다. 따라서 두 범위를 모두 만족하는 수의 범위는 45 이상 55 미만입니다.

40ab

1 425, 435 　 2 450, 550
3 (수직선) 870 880 890
4 (수직선) 800 900 1000
5 현아
6 ㉠ 올림하여 만의 자리까지 나타내었습니다. / 반올림하여 만의 자리까지 나타내었습니다.

〈풀이〉

4 어떤 수를 반올림하여 백의 자리까지 나타낸 수 900은 십의 자리에서 올림하거나 버림하여 만들 수 있습니다.
십의 자리에서 올림하여 어림한 수를 만들었다면 900보다는 작으면서 십의 자리 숫자가 5, 6, 7, 8, 9 중 하나여야 하므로 어떤 수는 850 이상이어야 합니다. 또, 십의 자리에서 버림하여 어림한 수를 만들었다면 900보다는 크면서 십의 자리 숫자가 0, 1, 2, 3, 4 중 하나여야 하므로 어떤 수는 950 미만이어야 합니다. 따라서 두 범위를 모두 만족하는 수의 범위는 850 이상 950 미만입니다.

5 진아는 반올림, 소은이는 버림, 현아는 올림의 방법으로 어림하였습니다.

6 올림하여 천의 자리까지 나타내었습니다.
반올림하여 천의 자리까지 나타내었습니다.

성취도 테스트

1 100, 101, 102, 103
2 96, 97, 98, 99
3 100, 101, 102, 103
4 96, 97, 98, 99
5 99, 100 　 6 99, 100
7 48 이상인 수 　 8 32 미만인 수
9 68 초과 72 이하인 수
10 (수직선) 36 37 38 39 40 41 42 43 44 45
11 (수직선) 52 53 54 55 56 57 58 59 60 61
12 (수직선) 77 78 79 80 81 82 83 84 85 86
13 6540, 6600 　 14 2410, 2400
15 8030, 8000 　 16 4
17 19.2, 19.1, 19.2
18 13 　 19 26000
20 845, 854